Bezugsbedingungen:

Preis des Heftes 1 bis 112 je 1 Mk,

zu beziehen durch Julius Springer, Berlin W. 9, Linkstr. 23/24;

für Lehrer und Schüler technischer Schulen 50 Pfg,

zu beziehen gegen Voreinsendung des Betrages vom Verein deutscher Ingenieure, Berlin N.W. 7, Charlottenstraße 43.

Von Heft 113 an sind die Preise entsprechend auf 2 M und 1 M erhöht.

Eine Zusammenstellung des Inhaltes der Hefte 1 bis 117 der Mitteilungen über Forschungsarbeiten zugleich mit einem Namen- und Sachverzeichnis wird auf Wunsch kostenfrei von der Redaktion der Zeitschrift des Vereines deutscher Ingenieure, Berlin N.W., Charlottenstr. 43, abgegeben.

Heft 118: **Döhne,** Ueber Druckwechsel und Stöße bei Maschinen mit Kurbeltrieb.
v. Kármán, Festigkeitsversuche unter allseitigem Druck.

Mitteilungen

über

Forschungsarbeiten

auf dem Gebiete des Ingenieurwesens

insbesondere aus den Laboratorien
der technischen Hochschulen

herausgegeben vom

Verein deutscher Ingenieure.

Heft 119.

Berlin 1912
Springer-Verlag Berlin Heidelberg GmbH

ISBN 978-3-662-01713-5 ISBN 978-3-662-02008-1 (eBook)
DOI 10.1007/978-3-662-02008-1

Inhalt.

Ueber die Einwirkung des Ziehprozesses auf die wichtigsten technischen Eigenschaften des Stahles.

Von Dr.-Ing. **Carl Arno Seyrich.**

I.

Einleitung.

Unter dem Ziehprozesse versteht man ein Arbeitsverfahren, bei welchem zylindrische oder prismatische Metallstäbe durch eine Oeffnung von bestimmter Form gezogen werden, so daß sie den Querschnitt dieser Oeffnung, des sogen. Ziehloches, annehmen, wobei ihre Länge auf Kosten ihres Querschnittes zunimmt. Das Erzeugnis nennt man Draht, das Arbeitsverfahren selbst das Drahtziehen. Der Ursprung der eigentlichen Drahtzieherei[1]) ist in Westfalen und im Harz zu suchen und fällt in den Anfang des 15. Jahrhunderts. Vor dieser Zeit wurde der Draht durch Schmieden hergestellt, ein Verfahren, welches bis in die älteste Zeit zurückreicht[2]). Bei dem Schmieden des Drahtes wurde das Metall, ausgenommen die weichen Metalle, wie Gold usw., in der Glühhitze bearbeitet. In der Drahtzieherei dagegen erfolgt die Formänderung des Metalles ausschließlich in kaltem Zustande, was in verschiedener Hinsicht eine Aenderung seiner Eigenschaften zur Folge hat.

Zunächst besteht der Einfluß des Ziehens auf das Material darin, daß ihm neben einer größeren Festigkeit unter Verminderung der Dehnbarkeit eine gewisse Steifheit und Härte[3]), die sogen. Spannsprödigkeit, erteilt wird. Diese ist z. B. bei Eisen und Stahl nach wenigen Zügen bereits so groß, daß der Draht von neuem geglüht werden muß, ehe er weiter gezogen werden kann.

Die Tatsache, daß die Metalle durch Bearbeiten in kaltem Zustand andere Eigenschaften annehmen, durch Ausglühen aber mehr oder weniger vollkommen in ihren Urzustand zurückgeführt werden, ist schon von altersher bekannt.

Auch in wissenschaftlicher Beziehung ist man dieser Erscheinung in den verschiedensten Richtungen nachgegangen. So hat man die Veränderung der physikalischen Eigenschaften der Metalle, wie des spezifischen Gewichts, der Wärmeleitfähigkeit, des elektrischen Leitvermögens und der magnetischen Aufnahmefähigkeit als Funktion des Bearbeitungszustandes untersucht.

---

[1]) Siehe H. Fehland, Die Fabrikation des Eisen- und Stahldrahtes. Weimar 1886.

[2]) Im 2. Buch Moses, Kap. 39 II, heißt es von dem Anfertiger des Priesterkleides für Aaron: »und er schnitt das Gold in Fäden und schlug es, daß man es wirken konnte.«

[3]) Unter Härte ist hier nicht die Ritzhärte zu verstehen, denn diese ist für geglühten und hartgezogenen Draht gleich. Vergl. Behrens, Das mikroskopische Gefüge der Metalle und Legierungen. Leipzig 1894.

Die ältesten, hierher gehörigen Untersuchungen sind wohl diejenigen von Seguin ainé[1]) und Dufour[2]), die für verschiedene Drahtsorten die durch Ausglühen hervorgerufene Festigkeitsverminderung empirisch feststellten. Baudrimont[3]) ermittelte den Festigkeitsverlust, den Drähte durch Ausglühen in verschiedenen Gasarten erleiden. In die gleiche Zeit fallen auch die umfassenden Versuche von A. Brix[4]) zur Bestimmung des Elastizitätsmoduls, der Elastizitätsgrenze, Zugfestigkeit und Dehnbarkeit gezogener und geglühter Eisendrähte. Er fand, daß die Veränderung ihrer Eigenschaften durch Ziehen für dicke und dünne Drähte verschieden war. Diese Feststellungen können indessen nur als der Fabrikationspraxis entstammende Mittelwerte betrachtet werden, welche Folgerungen hinsichtlich der Gesetzmäßigkeiten ausschließen, weil die Versuchsstücke nicht gleicher Herkunft waren. Dasselbe gilt auch für ähnliche Untersuchungen von Tredgold[5]) und Telford[6]) über den Einfluß des Glühens auf gezogenes Material. Die einzige, systematische Untersuchung von Drähten gleicher Herkunft stammt aus neuerer Zeit und behandelt die Veränderung des spezifischen Gewichts, des Elastizitäts- und Torsionsmoduls von Drähten[7]). Hingegen fehlen derartige Untersuchungen über die Zugfestigkeit, Torsionsfestigkeit, Dehnbarkeit und Zähigkeit der Metalle.

Einen Beitrag zur Ausfüllung dieser für Wissenschaft und Praxis gleich fühlbaren Lücke zu bringen, ist der Zweck der nachfolgenden Arbeit.

II.

Material.

Als Versuchsmaterial wurde Stahl gewählt, und zwar deshalb, weil er durch Ziehen verhältnismäßig sehr große Veränderungen in seinen Eigenschaften erfährt. Da über die Art der Veränderung überhaupt noch keine einwandfreien Versuche vorlagen, schien es zunächst nicht möglich, die Untersuchung in einer bestimmten Richtung zu führen und zur Erforschung einer bestimmten Erscheinung systematisch vorzugehen. Diese Erscheinungen bedurften eben selbst noch eines genauen Nachweises und weiterer Aufklärung.

Aus diesem Grunde wurde zunächst eine allgemeine Untersuchung an einer Reihe von Stahldrähten durchgeführt. Die Durchmesser der einzelnen Drähte, die Größe der Ziehstufen und die Zahl der Ausglühungen während des gesamten Prozesses sollten dabei völlig den praktischen Verhältnissen der Fabrikation entsprechen. Dank dem Entgegenkommen des Herrn Kommerzienrats Decker, Gründers der Kratzenfabrik Mittweida, erhielt ich von dieser Firma von einem und demselben Ring gezogenen Stahldraht, vom Walzdraht an in allen Stufen, die er im regelrechten Fabrikationsgang durchmacht.

---

[1]) Seguin ainé, Des ponts en fils de fer. Paris 1824 S. 83.

[2]) Dufour, Description du pont suspendu en fil de fer construit à Genève.

[3]) Baudrimont, Annales de chimie et de physique. T. 60 1835 S. 96 u. 97.

[4]) A. Brix, Ueber die Kohäsions- und Elastizitätsverhältnisse einiger nach ihrer Dimension beim Bau der Hängebrücken in Anwendung kommender Drähte des In- und Auslandes. Berlin 1837.

[5]) Vergl. Barlow, Practical essay on the strength. S. 108.

[6]) Vergl. Barlow, An essay on the strength and stress of timber etc. S. 231.

[7]) R. Wegner, Ueber die Einwirkung des Ziehprozesses und von Temperatureinflüssen auf die physikalischen Eigenschaften einiger Metalle. Zürich 1905.

Als Grundstoff verwendet die Firma Walzdraht[1]) mit einem Durchmesser von etwa 5,3 mm. Die Untersuchung auf Kohlenstoff, Mangan und Silizium ergab 0,55 vH C, 1,00 vH Mn und 0,05 vH Si.

Der Walzdraht ist in dem Zustande, wie er aus dem Walzwerk kommt, nicht ohne weiteres zum Ziehen zu gebrauchen; er muß vielmehr vorher von dem Glühspan befreit, dekapiert werden. Dieser Glühspan bedeutet einen Verlust an Stoff und verdirbt die Zieheisen.

Es hat daher auch nicht an Bestrebungen gefehlt, die Bildung von Glühspan zu vermeiden, z. B. durch Glühen unter Luftabschluß[2]), in besonderen Gasarten[3]) oder durch Glühen in Bädern geschmolzener Salze[4]) und flüssiger Metalle[5]). Ein besonderes Verfahren hatte sich in Amerika ausgebildet. Dort wurde der Draht, ehe er gezogen wurde, galvanisch verzinnt. Beim Ziehen diente dann das Zinn zugleich als Schmiermittel[6]). Zur dauernden Anwendung sind diese Verfahren indessen nicht gelangt, der Glühspan wird vielmehr entweder mechanisch entfernt, z. B. in einer Klopf- und Polterwäsche oder in einem Rollenapparat, in dem der Draht wiederholt hin und her gebogen wird, oder chemisch durch eine Beize.

So verwendet man in der erwähnten Kratzenfabrik eine Beize mit verdünnter Schwefelsäure. Der Walzdraht wird im Drahtglühofen ausgeglüht, mit verdünnter Schwefelsäure gebeizt, mit Kalkmilch gewaschen und hierauf im Ofen getrocknet. Das Spülen mit Kalkmilch soll die weitere Einwirkung der Beize aufheben, weil sonst die Gefahr entsteht, daß der Draht brüchig[7]) wird. Die Beizbrüchigkeit hängt wesentlich von der chemischen Zusammensetzung[8]) des Drahtes ab und kann durch längeres Lagern oder kurze Erhitzung vermindert werden. Im vorliegenden Falle hat das Trocknen des »gekalkten« Drahtes im Drahtglühofen eine ähnliche Wirkung.

Der getrocknete Draht wird dann auf Ziehscheiben in 22 Zügen bis zu einer Stärke von 0,2 mm herab gezogen, wobei er siebenmal ausgeglüht werden muß. Dementsprechend zerfällt der Draht, welcher für die Versuche

---

[1]) Den Walzdraht verwendet man jetzt mit Vorliebe zum Drahtziehen, weil er sich der Gefahr des Abreißens im Drahtzug in höherem Maße gewachsen zeigt als ein Schmiedestück. Der Grund liegt darin, daß durch das Walzen das Gefüge des Metalles in eine mehr und mehr sehnige Struktur übergeführt wird. Die sogen. Osemundknüppel, welche vor Einführung der Walzwerke den Drahtziehereien als Grundstoff dienten, hatten zwar auch durch das Schmieden ein sehniges Gefüge erhalten, jedoch nicht in dem Maße wie der Walzdraht. Zudem fallen beim Walzdraht die Unebenheiten weg, welche die Osemundknüppel zum großen Schaden der Zieheisen aufweisen, da der Walzdraht durch die Fertigkaliber bereits eine runde. glatte Gestalt angenommen hat. Vergl. Peter Lagerhjelms Versuche zur Bestimmung der Dichtheit, Gleichartigkeit, Elastizität, Schmiedbarkeit und Stärke des gewalzten und geschmiedeten Stabeisens. 1829 übersetzt von Dr. Pfaff.

[2]) Stahl und Eisen 1892. Talbot und Saltley glühten den Draht im Flammofen in Tonröhren, die mit Sand gefüllt waren.

[3]) Annales de chimie et de physique. Bd. 60 1835 S. 96 u. 97. Baudrimonts Glühversuche in Wasserstoff und Kohlensäure.

[4]) Z. d. V d. I. 1884. Glühen in einem Bad von geschmolzenem CaCl und NaOH.

[5]) Z. d. V. d. I. 1884 S. 23 u. 174. Glühen im Bleibad.

[6]) Stahl und Eisen 1892 S. 586. Stephen. L. Mershon in Chicago.

[7]) So hat Ledebur nachgewiesen, daß schmiedbares Eisen unter dem Einfluß von Wasserstoff, der an der Oberfläche des Eisens durch Einwirkung schwacher Säuren entsteht, brüchig wird. Es verliert auch bedeutend an Biegungsfähigkeit. während seine Zug- und Druckfestigkeit sowie die Dehnbarkeit nur wenig abnehmen. Näheres siehe Ledebur. Neuere Versuche über die Beiz- und Rostbrüchigkeit des Eisens 1889.

[8]) Baedeckers Versuche, Z. d. V. d. I. 1888 S. 186. Gebundener Kohlenstoff begünstigt die Beizbrüchigkeit des Eisens, Silizium vermindert sie.

verwendet wurde, in 8 Reihen, von denen jede eine geglühte und mehrere daraus gezogene Drahtsorten enthält. Da diese Drahtsorten sämtlich von einem und demselben Walzdrahtring gezogen waren, war gleiche Herkunft für den gesamten Versuchstoff gewährleistet.

Die Querschnitte der einzelnen Drähte wurden zunächst aus ihrem Durchmesser berechnet. Die Ermittlung der Durchmesser erfolgte durch Messen auf einem Abbeschen Dickenmesser, und zwar wurde der Durchmesser an vier verschiedenen Punkten des Umfangs einer Querschnittebene des Drahtes bestimmt und das Mittel gebildet. Der Abbesche Dickenmesser, welcher zur Messung benutzt wurde, mißt auf 1 bis 2 μ genau. Die Genauigkeit der aus diesen mittleren Durchmessern berechneten Querschnittgrößen wäre demnach ausreichend gewesen, wenn nicht die Drahtquerschnitte von der Kreisform erheblich abgewichen wären.

Diese Abweichungen bilden auch den Grund, weshalb von einer Durchmesserbestimmung auf dem Zeißkomparator abgesehen wurde. Bei diesem noch größere Genauigkeit ergebenden Meßgerät muß das Fadenkreuz des Fernrohres haarscharf auf den Umriß des zu messenden Körpers eingestellt werden. Will man einen Durchmesser feststellen, so setzt dies voraus, daß beide Umrißlinien in einer Ebene liegen, welche die Achse des Drahtes enthält und senkrecht zur Mikroskopachse ist. Diese Voraussetzung ist bei Drähten nicht erfüllt.

Es schien daher notwendig, durch Bestimmung des spezifischen Gewichts, Längenmessung und Wägung den mittleren Querschnitt der Drähte festzustellen. Von den Bestimmungsverfahren des spezifischen Gewichts wurde dem Auftriebverfahren der Vorzug gegeben. Das Pyknometerverfahren wurde deshalb nicht angewendet, weil man dabei an eine bestimmte Größe des zu bestimmenden Objekts gebunden ist, ein großes Volumen des Wägekörpers aber gerade für eine genaue Bestimmung Bedingung ist. Anderseits ist auch die Luft, die an den Drähten hängen bleibt, im Pyknometer sehr schwer zu entfernen, ohne es mechanischen oder thermischen Angriffen preiszugeben. Die Ausführung der Wägungen bei dem Auftriebverfahren erfolgte unter Beobachtung der bekannten Vorsichtsmaßregeln und Verfeinerungen.

Um die Menge des zur Wägung zu verwendenden Drahtes zu bestimmen, wurde zunächst ein Vorversuch mit einer Walzdrahtprobe von $G_0 = 1{,}56007$ g Gewicht gemacht. In Wasser wog sie $G = 1{,}35963$ g. Wird nun der größte Fehler der Wägung in Luft z. B. auf $\varDelta G_0 = 0{,}0001$ g geschätzt, bei der weniger genauen Wägung unter Wasser auf $\varDelta G = 0{,}0005$ g, so beträgt der von $\varDelta G_0$ stammende Fehler $\varDelta = -\frac{\varDelta G_0\, G}{(G_0 - G)^2} = -0{,}0034$ und der von $\varDelta G$ stammende Fehler $\varDelta' = +\frac{\varDelta G\, G_0}{(G_0 - G)^2} = +0{,}0194$; im ungünstigsten Falle beträgt demnach der Fehler $\pm \frac{G\,\varDelta G_0 + G_0\,\varDelta G}{(G_0 - G)^2} = \pm 0{,}0228$ und der mittlere Gesamtfehler

$$\pm \sqrt{\varDelta^2 + (\varDelta')^2} = \pm 0{,}0197.$$

Es wäre also die zweite Dezimale des spezifischen Gewichts bereits um $\pm$ 2 Einheiten ungenau. Diese Genauigkeit genügte im vorliegenden Falle nicht, und es wurde daher nur mit Proben von rd. 1,8 ccm Inhalt gearbeitet, wobei sich die dritte Dezimale noch auf 1 bis 2 Einheiten genau bestimmen ließ.

Die Wage, die für diese Zwecke benutzt wurde, war eine feine chemische Wage. Die Empfindlichkeit der Wage betrug 6,5 Skalenteile für 1 mg. Als Aufhängedraht wurde Platindraht von 0,15 mm Dmr. verwendet, der in einer Bunsenflamme kurze Zeit geglüht worden war.

Die Wägungen zu der Bestimmung des Gewichts in Luft wurden nach dem Interpolationsverfahren angestellt. Bei der Wägung unter Wasser wurde die Wage im Ruhezustand abgelesen. Dabei wurde das Wasser durch Beklopfen des Gefäßes mittels eines Drahtes in einer steten, leisen Erschütterung gehalten, um die Adhäsionswirkung zu vermindern. Das Wasser wurde zur Entfernung etwa mit dem Wägekörper hineingebrachter Luftbläschen kurze Zeit zum Sieden gebracht. Schließlich wurde die durch Verdampfen des Wassers offenbar am Platindraht niedergeschlagene Feuchtigkeit, als das Wasser auf die Temperatur des Wägezimmers erkaltet war, durch kurzes Bestreichen des Platindrahtes mit einer Bunsenflamme entfernt. Das Erkalten des Wassers auf Zimmertemperatur wurde durch Eintauchen des Behälters in kaltes Wasser beschleunigt, um eine Oxydation des Wägekörpers möglichst zu vermeiden.

Nach der Wägung des Körpers unter Wasser wurde der Aufhängedraht allein gewogen, wobei besonders darauf geachtet wurde, daß er wieder bis zur gleichen Tiefe in das Wägewasser eintauchte. Aus diesen drei Wägungen ergab sich dann der Wert »s« für das rohe, spezifische Gewicht aus der Beziehung $s = \frac{G_0}{G_0 - G}$, worin G_0 das Gewicht des Körpers in Luft, G sein Gewicht unter Wasser bedeutet.

Dieser Wert bedarf nun einer Berichtigung, und zwar wurde diese nach der Reduktionsformel von Kohlrausch vorgenommen.

Sie lautet: $s = \frac{m}{w}(Q - \lambda) + \lambda$.

Hierin bedeutet

s das spezifische Gewicht bei der Beobachtungstemperatur, bezogen auf Wasser von 4° C und umgerechnet auf den leeren Raum,
m das scheinbare Gewicht in Luft,
w den scheinbaren Gewichtverlust in Wasser von der Dichtigkeit Q,
Q die Dichtigkeit des Wägewassers und
λ die Dichtigkeit der Luft, bezogen auf Wasser.

Diese Reduktionsformel hat offenbar zur Voraussetzung, daß sämtliche verwendeten Gewichtstücke das gleiche spezifische Gewicht haben. Bei vorliegender Wägung war dies allerdings nicht der Fall. Eine Berücksichtigung des verschiedenen spezifischen Gewichts der Ausgleichgewichte ändert aber hier nur die dritte Dezimale des Ergebnisses um eine Einheit und konnte daher unterbleiben.

Es mag bei dieser Gelegenheit auf die bereits erwähnte Abhandlung von Dr. Wegner hingewiesen werden, in welcher auch eine Reduktionsformel aufgestellt ist, die ein verschiedenes spezifisches Gewicht der Ausgleichgewichte berücksichtigt. In der Beweisführung Wegners befindet sich jedoch ein Irrtum, auf den hingewiesen werden muß. Wegner[1]) urteilt folgendermaßen:

»Auf der Seite der Wage, wo die Ausgleichgewichte stehen, wirkt der Luftauftrieb, welcher gleich dem Gewichte der von den Ausgleichgewichten verdrängten Luft ist. Auf der Ringseite der Wage (er meint damit die Seite, auf welcher der Körper im Wasser hängt) bleibt der Auftrieb der Luft offenbar derselbe, der er war, als der Ring in der Luft hing, denn sein Volumen ist ja dasselbe geblieben usw.«

In dem dort angeführten Beispiel ist dann in der Tat dementsprechend die Berechnung des spezifischen Gewichts durchgeführt. Hier liegt aber der Be-

[1]) Vergl. S. 14 bis 20 seiner Abhandlung.

weisführung ein Irrtum zugrunde, denn wenn der Körper im Wasser hängt, wirkt auf ihn überhaupt kein Luftauftrieb. Der Auftrieb eines Körpers unter Wasser ist vielmehr der gleiche im Luft erfüllten wie im leeren Raume. Hierbei ist natürlich der bei den geringen Höhen der zu wägenden Körper verschwindend kleine Höhenunterschied im Luftdruck außer Betracht zu lassen.

Wegner weist bei dieser Gelegenheit auch auf die von mir benutzte Formel von Kohlrausch hin und berechnet nach ihr einige Dichtewerte. Verfolgt man den Gang seiner Rechnung[1]), so findet man, daß er die Formel von Kohlrausch nicht ganz richtig anwendet, denn er bezieht nur den scheinbaren Gewichtverlust w auf Wasser von 4° C, nicht aber die vom Körper verdrängte Luftmenge l.

Uebrigens können die aufgestellten Dichtewerte Wegners noch aus einem anderen Grunde keinen Anspruch auf große Genauigkeit erheben. Dieser besteht darin, daß mit Proben von nur 0,1 ccm Inhalt im Mittel gearbeitet wurde.

In der nun folgenden Zahlentafel 1 sind die Ergebnisse meiner Dichtebestimmungen niedergelegt.

Zahlentafel 1.
Querschnitte und spezifische Gewichte der Stahldrähte 1 bis 10.

Nummer der Drahtsorte	Drahtdurchmesser D mm	Zustand des Drahtes	rohes spezif. Gewicht, s 2 Bestimmungen	Wassertemperatur t °C	spez. Gewicht bezogen auf Wasser von 4° C u. Luftleere s_0	spezifisches Gewicht bei 16° C S	Querschnitt F aus S ermittelt qmm	Querschnitt F' aus D berechnet qmm
1	5,397	Walzdraht geglüht	7,7965	16,3	7,7799	7,7800	22,711	22,876
2	4,076	gezogen	7,8081	16,5	7,7912	7,7913	13,062	13,048
3	3,288	»	7,7780	17,1	7,7604	7,7606	8,507	8,491
4	3,301	geglüht	7,8076	17,1	7,7899	7,7902	8,693	8,553
5	2,729	gezogen	7,7830	17,6	7,7647	7,7651	5,851	5,849
6	2,198	»	7,7591	17,7	7,7407	7,7412	3,754	3,795
7	2,199	geglüht	7,8023	16,5	7,7854	7,7855	3,762	3,798
8	1,755	gezogen	7,7692	16,8	7,7520	7,7522	2,417	2,419
9	1,425	»	7,7581	18,3	7,7388	7,7393	1,587	1,595
10	1,440	geglüht	7,8171	18,4	7,7975	7,7980	1,627	1,637

Die in der zweiten Spalte zusammengestellten Durchmesserwerte sind durch Messung auf dem Abbeschen Dickenmesser ermittelt. Aus den Größen D wurden die Querschnitte F' berechnet, während die Werte F aus den spezifischen Gewichten S ermittelt sind. Der Wert S bedeutet das spezifische Gewicht, berechnet für eine Normaltemperatur von 16° C nach der Formel

$$S = s\,(1 + \alpha\,(t - T)).$$

Hierin bedeutet s das für die Wägetemperatur t gefundene spezifische Gewicht, $\alpha = 0{,}00003$ den kubischen Ausdehnungskoeffizienten von Stahl und $T = 16°$ C die Normaltemperatur. Infolge der geringen Unterschiede der Beobachtungstemperaturen erweist sich diese Umrechnung eigentlich als unnötig.

In den beiden letzten Spalten der Tafel sind schließlich die Querschnittgrößen der Drähte eingetragen, und zwar in der 8. Spalte die aus dem spezifischen Gewichte S abgeleiteten Werte.

Die Genauigkeit dieser Querschnittwerte ist natürlich für jede Drahtstärke verschieden. Am kleinsten mußte sie für die dünnste Drahtsorte, das ist Probe

[1]) Vergl. S. 19 seiner Abhandlung.

Nr. 10, ausfallen, und zwar ergibt sich selbst für diese Probe der Fehler unter den dargelegten Voraussetzungen noch kleiner als 0,1 vH.

Vergleicht man mit diesen Werten die in der letzten Spalte der Tafel zusammengestellten Querschnittgrößen, wie sie sich aus den Durchmessern berechnen, so findet man für die stärkeren Drähte Unterschiede zwischen beiden Querschnittwerten bis etwa 0,75 vH, während sie für die dünneren Drähte weit unter 0,1 vH bleiben.

Die Erklärung für die Abnahme der Unterschiede ist darin zu suchen, daß die Drähte in ihrem Querschnitt sich um so mehr der genauen Kreisform nähern, je dünner sie gezogen werden. Der mikroskopische Vergleich einiger für die spätere Gefügeuntersuchung präparierter Querschnitte bestätigte dies.

Es wurde daher für die Drahtsorten Nr. 11 bis 29 von der zeitraubenden Bestimmung des spezifischen Gewichtes abgesehen und der Querschnitt aus dem Durchmesser des Drahtes berechnet. Die sich ergebenden Querschnittgrößen sind hier in keiner besonderen Tafel zusammengestellt, sind aber den späteren Festigkeitsberechnungen zugrunde gelegt worden.

Auch für die Drahtproben 1 bis 10, für welche Feinmeßversuche geplant waren, wären schließlich trotz der größeren Ungenauigkeit im Hinblick auf den später bei den Feinmeßversuchen auftretenden Maschinenfehler, die Querschnitte nur auf die einfachere Art ermittelt worden, wenn nicht das angewandte Verfahren zugleich Aufschluß über etwaige Aenderungen des spezifischen Gewichts in Drähten versprochen hätte. Im folgenden Abschnitt soll auf Grund der bereits angeführten Zahlentafel auf diese Aenderungen näher eingegangen werden.

III.

Aenderung des spezifischen Gewichts durch Ziehen und Glühen.

Vergleicht man die in der Zahlentafel 1 für das spezifische Gewicht zusammengestellten Werte, so erkennt man, daß es sich von Draht zu Draht

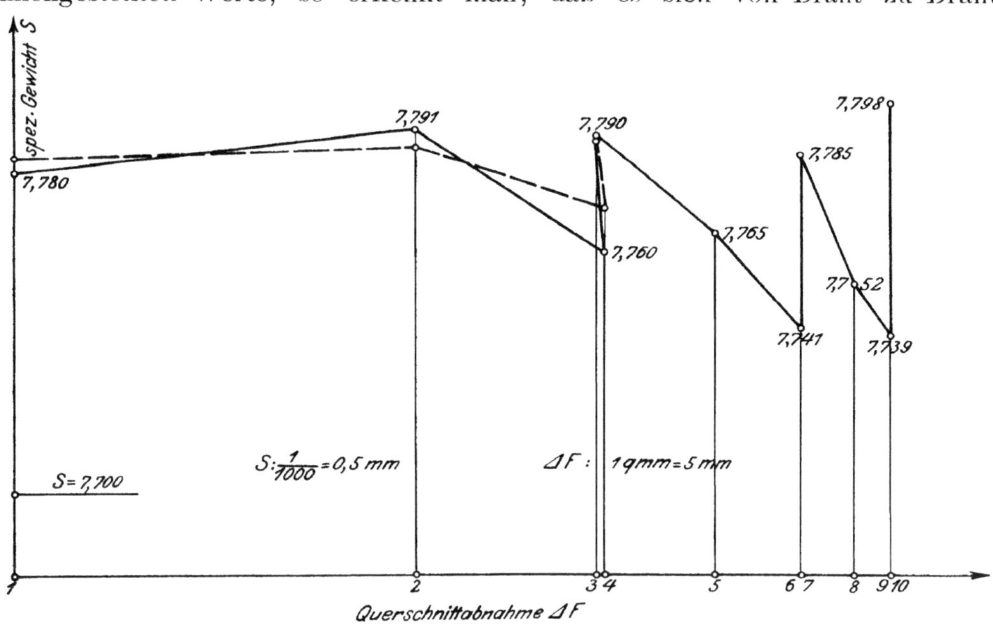

———— ursprüngliches spezifisches Gewicht.

— — — spezifisches Gewicht nach 6 Monaten.

Fig. 1. Aenderung des spezifischen Gewichtes der Stahldrähte als Funktion der Querschnittabnahme.

ändert. Um ein klares Bild für diese Aenderung zu geben, sind die Werte »S« in Fig. 1 über den Querschnittänderungen ΔF aufgetragen worden.

Erster Zug.

Wie die bildliche Darstellung zeigt, steigt anfangs das spezifische Gewicht durch Ziehen, und zwar entspricht einer Querschnittabnahme von etwa 42,5 vH die geringe Zunahme von 0,14 vH; der Wert S des Walzdrahtes steigt von 7,7800 auf 7,7913.

Diese Tatsache, daß der Draht durch Ziehen dichter wird, hat nichts Befremdendes, denn beim Drahtzug wird der Draht im Ziehloch einem allseitigen, radialen Druck ausgesetzt. Nehmen wir nun an, daß die Probe 1, der geglühte Walzdraht, durch den Walzprozeß schon eine Verdichtung seines molekularen Gefüges erfahren hat, aber immerhin noch kein völlig lückenloses Gefüge darstellt, so werden infolge der Pressung im Ziehloche die noch bestehenden Hohlräume mit Stoffteilchen ausgefüllt. Das spezifische Gewicht wird also erhöht.

Zweiter Zug.

Im Gegensatz hierzu zeigt die Drahtprobe 3, welche in einem Zuge aus Probe 2 gezogen ist, eine beträchtliche Abnahme des spezifischen Gewichts. Es fällt bei einer Querschnittverminderung der Probe 2 um etwa 34,8 vH von 7,7913 auf 7,7606.

Diese Abnahme steht nun im Widerspruch mit der oben angeführten Erklärung, jedoch nur scheinbar, denn nach meiner Annahme wird der Draht durch den Ziehprozeß schließlich in einen Zustand versetzt, wo das Material überhaupt keine Hohlräume mehr besitzt, also lückenlos ist. Denkt man sich diesen Zustand beispielsweise in der Drahtsorte 2 erreicht, so wird durch ein weiteres Ziehen keine Zunahme des spezifischen Gewichts bewirkt werden können, denn alle Hohlräume im Körper sind bereits mit Stoffteilchen ausgefüllt. Da aber das Material gleichwohl durch den Drahtzug einer weiteren Formänderung unterworfen wird, so kann man annehmen, daß nunmehr ein Aufreißen des molekularen Gefüges im Innern des Drahtes, ein Auflockern der Stoffteilchen eintritt.

Eine Stütze für diese Annahme könnte man in der Maxwellschen Theorie sehen, wonach zu nahe aneinander gepreßte Moleküle einander abstoßen.

Ferner steht damit im Einklang der mikroskopische Befund, welcher feine Risse im Innern hartgezogener Drähte nachweist. So machte H. Behrens[1]) bereits die Beoabachtung, daß hartgezogene Drähte durch Hämmern Längsrisse erhalten und nicht selten in zwei Hälften zerspringen, wenn sie auf beiden Seiten flach gefeilt werden.

Dabei ist es sehr wohl möglich, daß, während im Innern des Drahtes das Gefüge aufreißt, gleichzeitig die Randpartien des Drahtes eine Verdichtung erfahren, was eine Aenderung des mittleren spezifischen Gewichts hervorrufen kann.

Erste Glühung.

Verfolgt man den Verlauf der Werte S weiter, so erkennt man eine Zunahme des spezifischen Gewichts durch das Glühen bei Probe 4. Diese Probe

[1]) H. Behrens, Das mikroskopische Gefüge der Metalle und Legierungen, Leipzig 1894.

war die gleiche wie Probe 3, nur war sie im Drahtglühofen der Fabrik unter Luftabschluß ausgeglüht, kurze Zeit einer schwachen Beize mit verdünnter Schwefelsäure und einer Spülung in Kalkmilch ausgesetzt und hierauf im Ofen getrocknet worden.

Das spezifische Gewicht zeigt hierbei eine Zunahme von 7,7606 auf 7,7902, also um etwa 0,38 vH. Dem absoluten Werte nach ist es bei der geglühten Probe größer als bei der Probe 2, welche durch das Ziehen bereits eine Verdichtung erfahren hatte. Es tritt also eine weitere Erhöhung des Wertes *S* ein, und es scheint, als wenn das durch mechanische Bearbeitung veränderte spezifische Gewicht eines Stoffes durch das Ausglühen den höchsten Wert annimmt, den es überhaupt erreichen kann.

Eine Erklärung dafür könnte man darin suchen, daß die Glühhitze den Molekülen wieder ihre frühere Beweglichkeit erteilt. Sie geraten in lebhaftere Schwingungen und beginnen, die durch den vorhergegangenen Zug aufgerissenen Hohlräume auszufüllen. Ich nehme hierbei an, daß der Endzustand, dem die Materie zustrebt, der homogene Aufbau ist. Daß durch das Ausglühen die Materie ihrem Idealzustande näher gebracht wird, steht auch im Einklang damit, daß, wenn die Erhitzung soweit getrieben wird, daß die Materie in den flüssigen Zustand übergeht, tatsächlich der ideale homogene Aufbau erreicht ist.

Dritter Zug.

Bei Probe 5 tritt wieder ein Sinken des spezifischen Gewichts ein, und zwar fällt es bei einer Querschnittverminderung durch einmaliges Ziehen um etwa 32,7 vH von 7,7902 auf 7,7651.

Diese Tatsache steht scheinbar in Widerspruch zu der bereits bei Probe 2 festgestellten, anfänglichen Zunahme des spezifischen Gewichts unter dem Einfluß des Ziehens. Hierbei muß aber berücksichtigt werden, daß die Probe 2 aus dem Walzdrahte gezogen ist, dessen molekularer Aufbau noch nicht als lückenlos anzunehmen war. Die Drahtsorte 5 dagegen ist aus Probe 4, dem ausgeglühten Drahte 3, gezogen, dessen hohes spezifisches Gewicht 7,7902 auf ein fast lückenloses Gefüge schließen läßt. Während also für die Probe 1 sehr wohl noch eine Verdichtung durch Ziehen möglich war, konnte bei Probe 4 aus dem bereits angeführten Grunde nur eine Abnahme des spezifischen Gewichts eintreten.

Vierter Zug.

Ebenso steht das Fallen des Wertes *S* bei Probe 6, welche in einem Zug aus dem Drahte 5 gezogen ist, in Einklang mit dieser Erklärung. Man erkennt, daß eine durch übermäßige Kaltbearbeitung eines Metalles hervorgerufene Auflockerung des molekularen Gefüges durch eine weitere mechanische Bearbeitung noch gesteigert wird. Dies entspricht auch völlig der alltäglichen Erfahrung, daß ein durch Kaltbearbeitung überanstrengter metallischer Stoff durch Fortsetzung der mechanischen Bearbeitung schließlich in seinem molekularen Zusammenhang gänzlich zerstört wird.

Die übrigen Züge.

In Uebereinstimmung mit den Proben 3, 5 und 6 zeigen auch die letzten beiden Ziehstufen 8 und 9 eine Abnahme des Wertes *S*. Das geringste spezifische Gewicht besitzt Probe 9, und es ist demzufolge anzunehmen, daß in diesem Zustande das Gefüge am meisten aufgelockert ist.

Die übrigen Glühungen.

Draht 7 und 10 bestehen aus demselben Stoff wie Probe 6 und 9 und sind in gleicher Weise wie Probe 4 geglüht, gebeizt, gekalkt und getrocknet. In beiden Fällen hat das Glühen eine Zunahme des spezifischen Gewichts zur Folge, und zwar ist es bei Probe 7 von 7,7412 auf 7,7855, also um etwa 0,57 vH, bei Draht 10 sogar um etwa 0,76 vH durch das Glühen gestiegen. Dem absoluten Werte nach zeigt sich der Draht im Zustande 10 dichter als in der Probe 4 und 7. Diese Unterschiede sind jedoch sehr gering und dürften ihre Erklärung in der im Fabrikbetrieb wechselnden Temperatur des Drahtglühofens finden.

Jedenfalls ist der Nachweis erbracht, daß Stahl durch Ziehen eine Veränderung seines spezifischen Gewichtes erfährt. Diese besteht in einer Erhöhung oder Verminderung, je nach dem Zustande des Stoffes und der Größe der mechanischen Beanspruchung durch das Ziehen. Durch Ausglühen erfährt stark gezogener Stahldraht eine Zunahme des spezifischen Gewichtes. Der dabei auftretende hohe Wert *S* scheint, hinreichendes Ausglühen vorausgesetzt, den höchsten Wert des spezifischen Gewichtes darzustellen, den der betreffende Stoff durch den Ziehprozeß erhalten kann.

Dieser Höchstwert dürfte in der Probe 2 der Versuchsreihe annähernd erreicht oder vielleicht schon überschritten worden sein. Auch kann der erste, erreichbare Höchstwert bei vorliegender Versuchsreihe ebenso wahrscheinlich während der ersten Ziehstufe wie während der zweiten Ziehstufe aufgetreten sein.

Ferner erscheint als feststehend die Tatsache, daß gezogene Drähte, welche durch Ausglühen ein dem Höchstwerte sich näherndes speziffsches Gewicht angenommen haben, durch weiteres Ziehen nur noch eine Abnahme desselben erleiden können.

Vergleicht man diese Ergebnisse mit denen anderer Arbeiten in dieser Richtung, so findet man in manchem eine Bestätigung.

So fand Kahlbaum, daß bei gepreßtem Metall zunächst eine Zunahme und später eine Abnahme des spezifischen Gewichts eintritt, und zwar gibt er als Grenze der Pressung, bis zu der eine Zunahme stattfindet, 10000 at an[1]). Er bestimmte das spezifische Gewicht ebenfalls durch ein verfeinertes, archimedisches Verfahren. Als Folge des Ausglühens stellt er eine Zunahme des spezifischen Gewichts, und zwar für Kupfer und Platin fest.

Zu dem gleichen Ergebnisse kamen auch Baumeister, der Messing- und Eisendrähte untersuchte, sowie Wegner, welcher Drähte aus Platin, Gold und Silber prüfte.

Hierher gehören auch die Arbeiten von Sturm und Spring, welche bei verschiedenen Metallen als Folge des Ziehens ein anfängliches Steigen und dann ein Sinken des spezifischen Gewichts feststellten. Sturm[2]) fand zum Beispiel für gezogenen, harten Werkplatindraht das spezifische Gewicht 21,4320 und für den weichen, geglühten Draht 21,4170, also einen Unterschied von 0,0150.

---

[1]) Vergl. R. Wegner, Seite 53 seiner Abhandlung.

[2]) Eduard Sturm. Ueber die Veränderlichkeit des spezifischen Gewichts.

Ein bedeutend kleinerer Unterschied ergab sich für Platin im reinen Zustande sowie für Gold. Aluminium zeigte in Blechform einen Unterschied von 0,0025, als Draht einen solchen von 0,0036 zwischen hartem und geglühtem Zustande. Einen verhältnismäßig bedeutenden Unterschied ergab harter und weicher Nickeldraht, und zwar beträgt er nach Sturm fast 1 vH. In der Erklärung dieser Vorgänge geht Sturm in Uebereinstimmung mit den anderen Forschern von der Auffassung Retgers aus: absolut reiner, lückenloser Stoff kann nur ein spezifisches Gewicht haben. Die Veränderlichkeit des spezifischen Gewichts infolge äußerer mechanischer Einwirkung erscheint dann als Folge einer Aenderung des molekularen Zustandes.

IV.

Zeitliche Aenderung des spezifischen Gewichts.

Auf Grund der bekannten Alterungserscheinung der Metalle, die auch für Platindrähte von Wegner nachgewiesen ist, lag zunächst die Vermutung nahe, daß das künstlich veränderte spezifische Gewicht der Drähte sich mit der Zeit ändere. So fand Wegner, daß das durch Ziehen erhöhte spezifische Gewicht bei Platin-Iridiumdrähten mit der Zeit sank, während das erniedrigte zunahm.

Da über die Alterungserscheinungen von Drähten außer diesen auf Platin-Iridium beschränkten Feststellungen keine eingehende Untersuchungen vorlagen, sollten auch die vorliegenden Stahldrähte in dieser Beziehung untersucht werden, und zwar beschränkte sich die Untersuchung auf die ersten 4 Drahtsorten. Zu diesem Zwecke wurde für die Proben, welche bereits zur ersten Bestimmung gedient hatten und sorgfältig, vor Oxydation geschützt, aufbewahrt worden waren, nach 6 Monaten eine zweite Bestimmung des spezifischen Gewichts vorgenommen. Diese geschah auf gleiche Weise und unter gleichen Verhältnissen wie das erste Mal. Es genügt daher, in Zahlentafel 2 die sich ergebenden Werte zusammenzustellen.

Zahlentafel 2.
Zeitliche Aenderung des spezifischen Gewichts von Stahldrähten.

Nummer der Drahtsorte	Drahtdurchmesser D mm	Zustand des Drahtes	Zeitpunkt des Versuches	rohes spezif. Gewicht, s 2 Bestimmungen	Wassertemperatur t °C	spez. Gewicht s_0 bezogen auf Wasser von 4°C und Luftleere	spezifisches Gewicht S bei 16°C
1	5,397	Walzdraht geglüht	1. Untersuchung	7,7965	16,3	7,7799	7,7800
			6 Monate später	7,8020	17,5	7,7839	7,7842
2	4,076	gezogen	1. Untersuchung	7,8081	16,5	7,7912	7,7913
			6 Monate später	7,8060	17,7	7,7872	7,7870
3	3,288	»	1. Untersuchung	7,7780	17,1	7,7604	7,7606
			6 Monate später	7,7950	17,8	7,7764	7,7768
4	3,301	geglüht	1. Untersuchung	7,8076	17,1	7,7899	7,7902
			6 Monate später	7,8071	17,8	7,7881	7,7885

Zum Zweck einer guten Uebersicht sind die Werte dieser zweiten Bestimmung auch in die graphische Darstellung in Fig. 1 aufgenommen worden. Der gestrichelte Linienzug verbindet die Einzelwerte.

Die geglühten Proben.

Sehr gering ist der Einfluß der Zeit auf das spezifische Gewicht der geglühten Drähte. So ist das spezifische Gewicht des Walzdrahtes im Laufe des Halbjahres nur um etwa 0,05 vH gestiegen. Diese Aenderung ist so gering, daß sie nahe an der Fehlergrenze liegt. Man kann mithin wohl annehmen, daß das spezifische Gewicht der Walzdrahtproben durch Alterung keine Aenderung erfahren hat.

Es entspricht dies auch vollkommen der Erwartung auf Grund der Annahme, daß der Stoff einem völlig lückenlosen Zustande zustrebt. Denn einmal hat der Walzdraht, wie sich aus seinem verhältnismäßig hohen spezifischen Gewicht schließen läßt, bereits durch das Walzen und darauffolgende Ausglühen einen dem höheren spezifischen Gewicht entsprechenden, molekularen Zustand angenommen. Anderseits ist durch das Ausglühen bereits ein spannungsloser Beharrungszustand in der molekularen Anordnung des Stoffes geschaffen worden.

Aus demselben Grunde zeigt die ausgeglühte Probe 4 keine wesentliche Aenderung des spezifischen Gewichts. Es hat sich in diesem Falle um den geringen Betrag 0,0021, das sind etwa 0,03 vH, verringert.

Die hartgezogenen Proben.

Auch Probe 2, welche gezogenes Material darstellt, zeigt eine verhältnismäßig geringe Abnahme des spezifischen Gewichts. Es sinkt von 7,7913 auf 7,7872. Dieses Verhalten gezogenen Materiales scheint zunächst befremdend, denn das Ziehen zwängt das Material in einen künstlichen Zustand, so daß man erwartet, daß der Stoff mit der Zeit wieder dem natürlichen, spannungslosen Zustande zustrebt. Bedenkt man aber, daß, wie aus der Erhöhung des spezifischen Gewichts hervorgeht, der erste Zug das Material dem lückenlosen Idealzustande näher führt, so erscheint es sehr wohl erklärlich, daß die Zeit keine wesentliche Aenderung bringt.

In Gegensatz hierzu tritt das Verhalten der Probe 3. Ihr spezifisches Gewicht betrug nach der ersten Bestimmung 7,7606, während jetzt der Wert 7,7768 ermittelt wurde, es ist mithin um 0,2 vH gestiegen. Dieser Unterschied liegt wesentlich außerhalb der Fehlergrenze, und es kann daher für vorliegenden Fall eine Zunahme des spezifischen Gewichts als festgestellt erachtet werden. Diese Erscheinung dürfte folgende Erklärung haben:

Die Probe 2, welche in ihrem molekularen Aufbau dem Idealzustande höchsten spezifischen Gewichts ziemlich nahe war, hatte durch den nächsten Zug ein Aufreißen des Stoffes im Innern, ein Auflockern des molekularen Zusammenhanges erlitten. Es war dies aus der Abnahme des spezifischen Gewichts bei Probe 3 zu schließen. Nimmt man nun an, daß der Stoff einem lückenlosen Idealzustande zustrebt, so müßte mit der Zeit diese Abnahme bis zu einem gewissen Grade wieder verschwinden, was tatsächlich auch eintritt.

Zur Erklärung, warum dabei nicht der Höchstwert im spezifischen Gewicht erreicht wird, könnte man annehmen, daß die Moleküle zwar mit der Zeit wieder die künstlich durch den Drahtzug aufgerissenen Hohlräume auszufüllen streben, dies aber nur bis zu einem gewissen Grade möglich ist, da durch die Formänderung des Körpers eine Umlagerung und Umformung der Teilchen stattgefunden hat.

Das Ergebnis der 2. Dichtebestimmung führt mithin zu dem Schluß, daß auch bei Stahldrähten Alterungserscheinungen auftreten. Dabei scheint es, als wenn hartgezogener Stahldraht, bei dem infolge der übermäßigen Kaltbearbeitung eine Lockerung des molekularen Gefüges eingetreten ist, mit der Zeit wieder ein höheres speziffsches Gewicht annimmt, während diejenigen Drähte, welche bereits ein dem Höchstwerte nahe liegendes spezifisches Gewicht besitzen, es mit der Zeit nur wenig ändern[1]).

Auch Wegner stellt für die hartgezogenen Drähte seiner Platin-Iridiumreihe, deren spezifisches Gewicht durch das Ziehen gesunken war, nach Verlauf von 7 Monaten eine, wenn auch geringe Zunahme fest. Im Gegensatz zum Ergebnis vorliegender Untersuchungen ermittelt er aber für die Drähte hohen spezifischen Gewichts eine Abnahme desselben mit der Zeit. Das spezifische Gewicht eines Platin-Iridiumdrahtes, das durch den Drahtzug von 21,941 auf 22,020 gestiegen war, sank mit der Zeit auf 21,918, also um 0,45 vH. Dieser Unterschied dürfte aber wegen der bereits festgestellten Ungenauigkeit dieser Werte sehr nahe an der Fehlergrenze liegen. Vorliegende Stahldrähte, welche durch das Ziehen und Glühen ein hohes spezifisches Gewicht erhalten haben, zeigen jedenfalls nur so geringe Aenderungen dieses Wertes mit der Zeit, daß keine Folgerung berechtigt ist. Indessen bestätigt die Alterungserscheinung der Stahldrähte die Annahme, daß der Stoff, der künstlich aus seinem Idealzustande gebracht worden ist, diesen wieder einzunehmen trachtet.

Vergleicht man die Größe der Veränderung, welche das spezifische Gewicht durch Ziehen und Glühen sowie durch die Zeit erfährt, so erscheint der Einfluß der Zeit nur gering.

Zur Erklärung der Vorgänge habe ich, wie bereits dargelegt wurde, eine Aenderung des molekularen Aufbaues und eine Umformung der kleinsten Teilchen im Material angenommen. Der Nachweis dieser Gefügeänderung wurde für vorliegende Stahldrähte durch eine mikroskopische Untersuchung erbracht.

V.

Aenderung des Kleingefüges.

Um das Gefüge des Drahtes mikroskopisch untersuchen zu können, mußten zunächst Feinschliffe angefertigt werden. Zu dem Zwecke wurden von den Drahtsorten 1 bis 4 aus je einem Drahte, der noch keinerlei Beanspruchung erfahren hatte, 10 mm lange Abschnitte herausgesägt. Zwei derselben dienten zu Querschliffen, während die anderen durch Befeilen ungefähr bis auf die Hälfte ihres Durchmessers abgeflacht wurden und die Längsschliffe ergaben. Die so entnommenen Probestücke wurden auf der aus 4 Schmirgelscheiben verschiedener Körnung bestehenden Schleifvorrichtung des Instituts vorgeschliffen. Hierbei wurde besonders darauf geachtet, daß durch eine beständige Wasserkühlung jede stärkere Erwärmung der Schliffe vermieden wurde.

Das Feinschleifen der Probestücke geschah von Hand auf Schmirgelpapier verschiedener Körnung. Zum Schluß wurden die Schliffe poliert, und zwar zunächst auf der umlaufenden Tuchscheibe der Schleifvorrichtung, später von Hand auf einem weichen Tuche.

---

[1]) Als allgemein sichere Schlußfolgerung soll der letzte Satz hier nicht hingestellt werden, weil sich diese Versuche nur auf vier Drahtsorten erstreckten.

Geglühter Walzdraht.

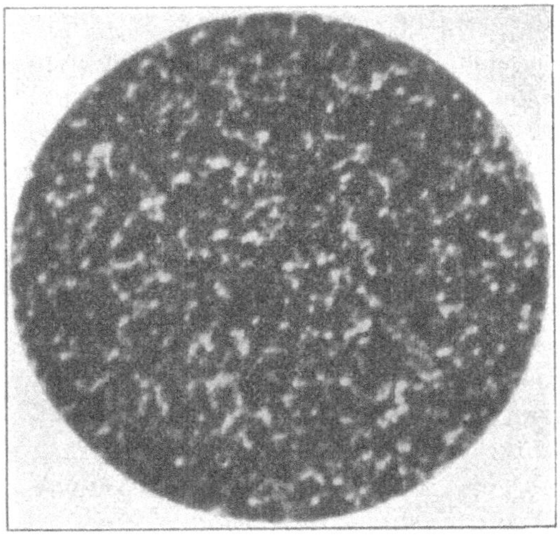

Fig. 2.
Mittlere Schicht eines Walzdrahtquerschliffes.

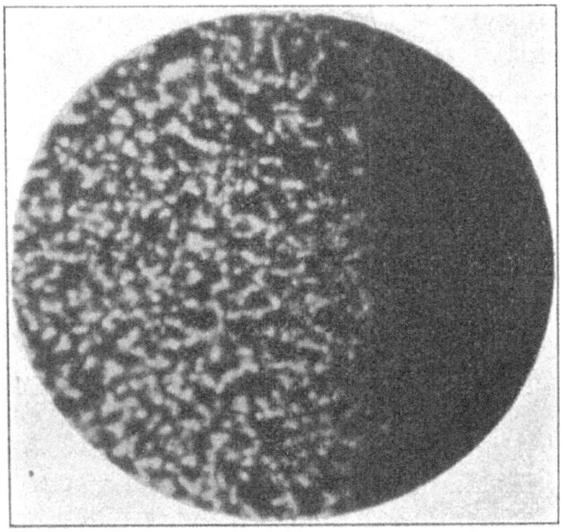

Fig. 3.
Randschicht eines Walzdrahtquerschliffes.

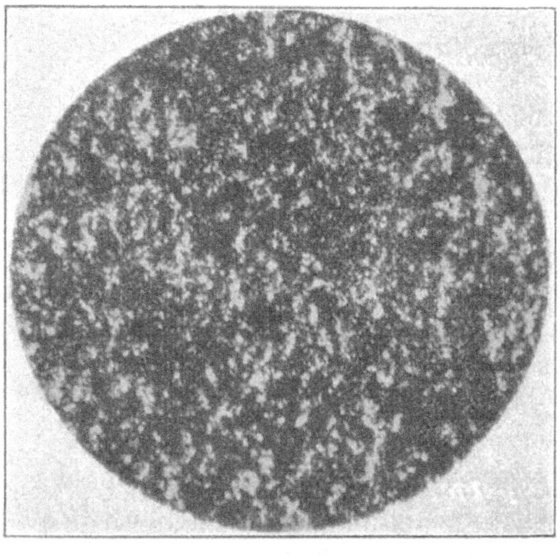

Fig. 4.
Mittlere Schicht eines Walzdrahtlängsschliffes.

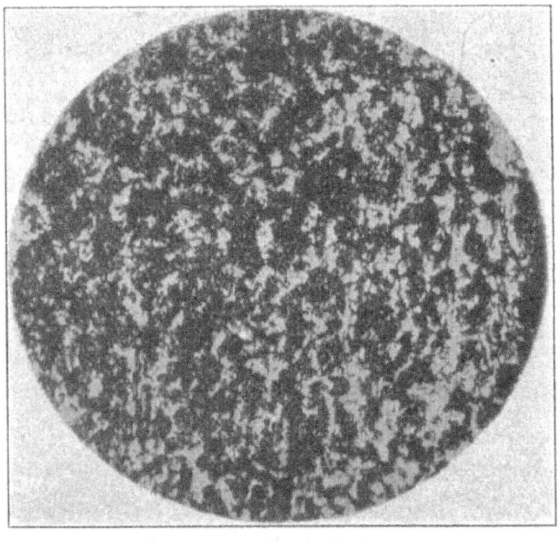

Fig. 5.
Randschicht eines Walzdrahtlängsschliffes.

Als die letzte Politur erfolgt war, zeigte sich bei dem Walzdraht bereits dem bloßen Auge, besonders im direkten Sonnenlicht, die Struktur des Materials, indem die letzte Polierphase gleichsam ein Relief geschaffen hatte. Dabei erschien im Sonnenlicht der Spiegel der Metallfläche mit unendlich vielen, kleinen, perlmutterartig glänzenden Körnchen übersät.

Um die Struktur deutlicher sichtbar zu machen, wurden die Schliffe geätzt. Ein gleichmäßiges Angreifen der Aetzung wurde dadurch erreicht, daß die Schliffflächen vorher sorgfältig mit Benzol gereinigt wurden. Die Aetzung selbst erfolgte in Pikrinsäure und dauerte durchschnittlich drei Minuten. Von Zeit zu Zeit wurden die Schliffe herausgenommen, abgespült und unter einem Martensschen Kugelmikroskop betrachtet. War die Aetzung genügend, so wurden die Schliffe in Alkohol gespült und in Aether getrocknet.

Die Schliffe wurden sodann unter dem Mikroskop des großen, mikrophotographischen Apparates von Zeiß betrachtet. Zur Beleuchtung des Objektes diente eine Bogenlampe mit einem Vertikalilluminator.

Zur photographischen Aufnahme der Gefügebilder wurde das Okular, mit dem der Schliff beobachtet worden war, mit einem Projektionsokular vertauscht. Auf der Mattscheibe der Kamera wurde das Bild scharf eingestellt und hierauf die Aufnahme gemacht. Als photographische Platten wurden Perorthoplatten benutzt, die eine große Farbenempfindlichkeit besitzen.

In Fig. 2 ist in 300facher Vergrößerung die Aufnahme einer mittleren Schicht eines Walzdrahtquerschliffes wiedergegeben. Das Gefügebild erscheint als dunkler Grund mit weißen, abgegrenzten Körnern, die aber keine kristallinische Orientierung besitzen. Da der Kohlenstoffgehalt des Stahles, den die chemische Analyse zu 0,55 vH ergab, unter 0,85 vH, dem Gehalt der eutektoiden Legierung liegt, kann man nach dem Erstarrungsbild der Eisenkohlenstofflegierungen schließen, daß das Gefüge aus kohlenstofffreiem α-Eisen und aus einer eutektoiden Mischung dieses Gefügebestandteiles mit Eisenkarbid, dem sogenannten Perlit, besteht. Die nähere Untersuchung ergab, daß in der Tat der weiße Bestandteil des Gefüges als α-Ferrit, der dunkle Grund als Perlit anzusprechen war.

In Fig. 3 ist in gleicher Vergrößerung eine Randschicht des gleichen Querschliffes veranschaulicht, und man erkennt den Unterschied des Gefügebildes der Mittel- und Randschicht. Die Ferritkörner liegen in der Randschicht bedeutend dichter als in der Mitte des Querschliffes, ohne dabei merklich ihre Form geändert zu haben. Man findet hierin eine Bestätigung der früheren Annahme, daß durch das Walzen ein dichterer Aufbau der Randschichten erzeugt wird.

Ein gleiches, aber nicht so deutlich, lassen auch die Gefügebilder der Längsschliffe des Walzdrahtes erkennen, welche in Fig. 4 für ein Mittelstück und in Fig. 5 für eine Randschicht wiedergegeben sind. Die Vergrößerung ist die gleiche wie früher. In der Längsrichtung des Drahtes zeigen die Ferritkörner eine größere Ausdehnung als in der Querrichtung, und man könnte dazu neigen, hierauf das verschiedene Verhalten gewalzten Materiales parallel und senkrecht zur Walzrichtung zurückzuführen.

In Fig. 6 ist eine mittlere Querschliffschicht des Walzdrahtes in 300facher Vergrößerung dargestellt, welche insofern eigenartig ist, als sie eine besondere Einlagerung enthält. Die Entstehung dieser Einlagerung ist wahrscheinlich auf eine Saigerung zurückzuführen.

In den nun folgenden Abbildungen sind Querschliffe und Längsschliffe für Mittel- und Randschichten der aus dem Walzdraht gezogenen Drahtsorten 2 und

3 dargestellt. Fig. 7 veranschaulicht in 300facher Vergrößerung die Mittelschicht eines Querschliffes der Drahtsorte 2. Besonders auffällig ist hier die Veränderung der Ferritkörner, welche bedeutend kleiner erscheinen, als bei dem entsprechenden Querschliffe des Walzdrahtes. Das Ferritkorn hat demnach durch das Ziehen eine Zusammenpressung in der Querrichtung erfahren.

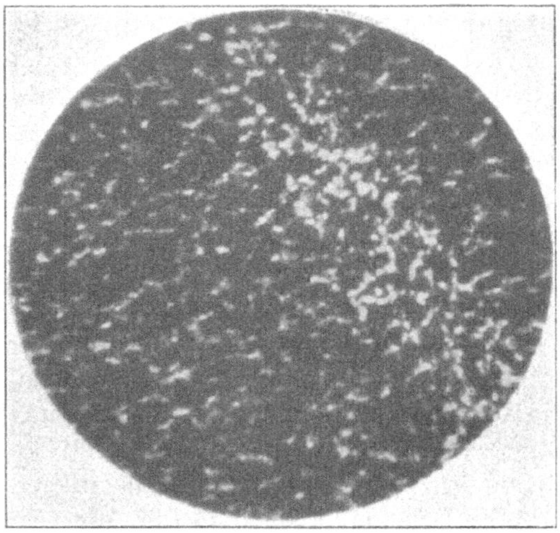

Fig 6. Mittlere Schicht eines Walzdrahtquerschliffes.

Die gleichzeitig auftretende Vergrößerung seiner Abmessungen in der Längsrichtung des Drahtes erkennt man aus den Fig. 8 und 9, in denen zwei Längsschliffe der Drahtprobe 2 wiedergegeben sind. Besonders deutlich erscheint die Längung der Ferritkörner in der Mittelschicht des Längsschliffes, Fig. 8.

Fig. 7 bis 12. Hartgezogene Drähte.

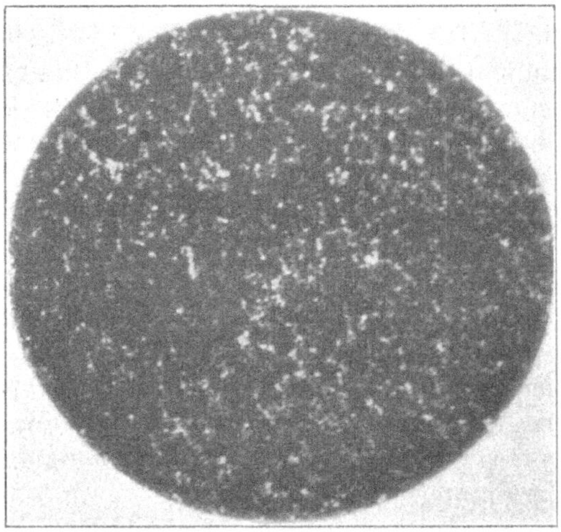

Fig. 7. Mittlere Schicht eines Querschliffes von Drahtsorte 2.

Wie aus Fig. 9 deutlich hervorgeht, ist die parallele Anordnung länglicher Ferritkörner in den Randschichten weniger deutlich ausgeprägt. Das Gefügebild erscheint an diesen Stellen regelloser. Dabei ist die Anordnung der Ferritbildner an dem Rand des Schliffes bedeutend dichter als in der Mitte. Die

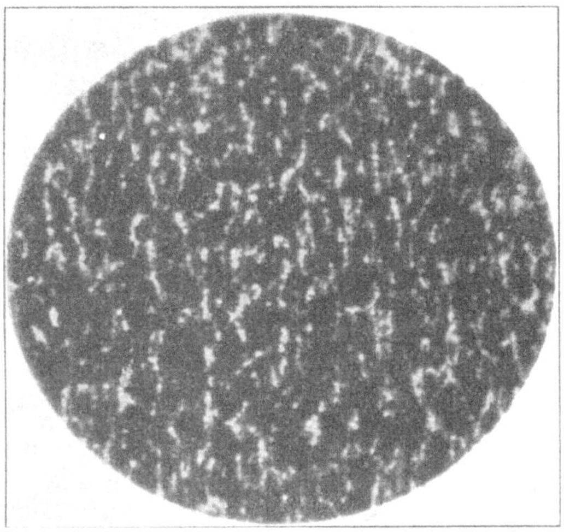

Fig. 8.
Mittlere Schicht eines Längsschliffes von Drahtsorte 2.

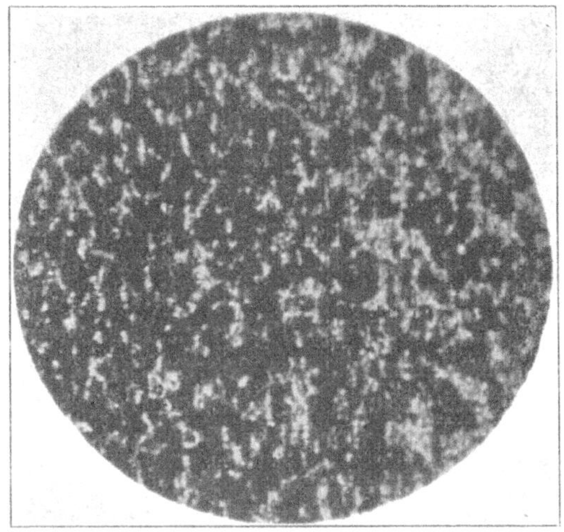

Fig. 9.
Randschicht eines Längsschliffes von Drahtsorte 2.

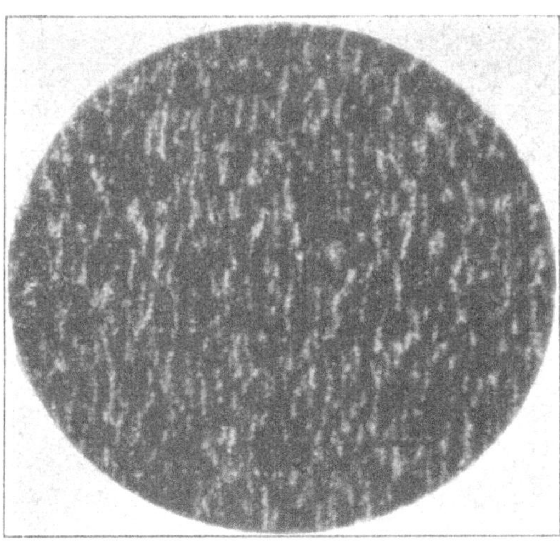

Fig. 10.
Mittlere Schicht eines Längsschliffes von Drahtsorte 3.

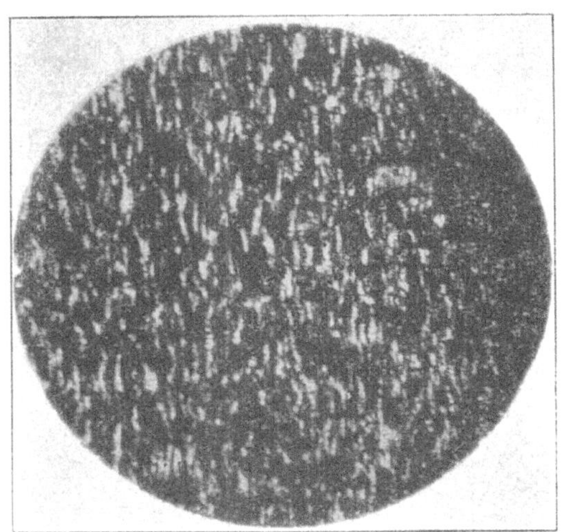

Fig. 11.
Randschicht eines Längsschliffes von Drahtsorte 3.

frühere Annahme, daß sich durch das Ziehen eine Kruste größerer Dichtheit bildet, findet demnach durch den mikroskopischen Befund den Nachweis ihrer Richtigkeit. Anderseits erscheint dss Gefügebild in den mittleren Schichten des Querschnittes weniger dicht als beim Walzdraht, so daß eine Auflockerung des Gefüges in dem Drahtinnern bei einem gewissen Grade der mechanischen Kaltbearbeitung auch angedeutet wird.

Eine einwandfreie Aufnahme der Randschicht eines Querschliffes der Drahtsorte 2 gelang trotz wiederholter Schleifversuche nicht, indem eine geringe Abrundung des Schliffes an den Rändern infolge des geringen Durchmessers der Probe von 4 mm schwer zu umgehen war, was die scharfe Einstellung einer Randschicht unter dem Mikroskop unmöglich machte.

Das gleiche gilt natürlich auch für die dünnere Drahtsorte 3. Dafür ergab die Drahtprobe 3 zwei brauchbare Bilder im Längsschliff, und zwar veranschaulicht Fig. 10 eine Mittelschicht, Fig. 11 eine Randschicht dieser Drahtsorte in 300facher Vergrößerung. Die Mittelschicht zeigt jetzt eine noch vollkommenere Parallelanordnung der zu Strichen ausgezogenen Ferritkörner als bei Probe 2. Dabei scheint es, als wenn die Ferritkörner durch die Längung übermäßig beansprucht worden und teilweise zerrissen seien.

Wie aus Fig. 11 hervorgeht, hat nunmehr auch die Randschicht eine regelmäßige Anordnung der Gefügebildner erhalten, und zwar erscheinen die langgezogenen, annähernd parallel gerichteten Ferritkörner im Randstücke dichter angeordnet als im Innern des Drahtes. Man findet mithin bei der Drahtprobe 3 als Folge des Kaltziehens die für Drahtsorte 2 festgestellte Gefügeänderung in gleichem Sinne weiter fortgesetzt.

In Fig. 12 ist schließlich die Mittelschicht eines Längsschliffes der Drahtsorte 4 wiedergegeben, welche die gezogene Drahtsorte 3 nach der Glühung darstellt. Die Ferritkörner zeigen jetzt wieder ihre ursprüngliche Form. Die durch das Ziehen bewirkte Längung ist nicht mehr erkennbar, das Gefügebild

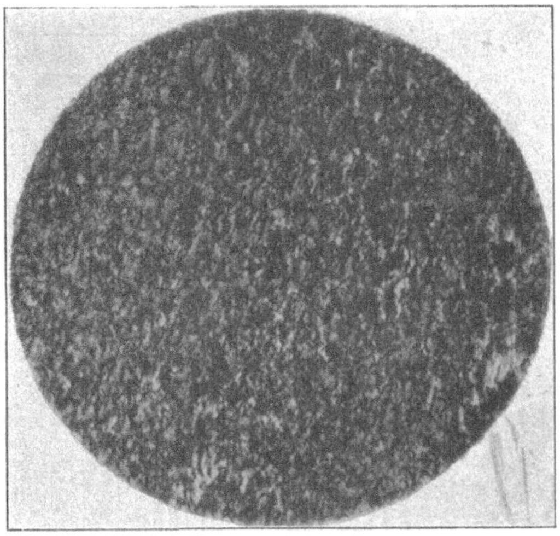

Fig. 12. Mittlere Schicht eines Längsschliffes der Drahtsorte 4.

ähnelt vielmehr dem eines Walzdraht-Längsschliffes. Während des Ausglühens hat mithin ein Umkristallisieren des Materiales stattgefunden. Vergleicht man das Gefügebild mit dem entsprechenden des Walzdrahtes, so erkennt man einen wesentlichen Unterschied nur in der Größe und dem Aufbau der Gefügebildner.

Bei Drahtsorte 4 erscheinen die Ferritgebilde kleiner, ihre Anordnung ist gedrängter, das Korn feiner als beim Walzdraht. Dabei erscheint die Verteilung der Ferritgebilde über den Querschnitt gleichmäßiger und deutet auf eine größere Gleichmäßigkeit des Materials hin. Wie später gezeigt werden wird, ist in der Tat die Gleichmäßigkeit eines gezogenen und dann ausgeglühten Stoffes größer als diejenige des Stoffes im ursprünglichen Zustande.

VI.

Veränderung des elastischen Verhaltens durch Ziehen und Glühen.

Das elastische Verhalten spielt insbesondere bei Stahldrähten je nach ihrem Verwendungszweck eine mehr oder weniger wichtige Rolle. Als Maß der Elastizität dient in der technischen Literatur der Dehnungskoeffizient α oder dessen reziproker Wert, der Elastizitätsmodul E, welcher in vorliegende Abhandlung eingeführt ist.

Die Ermittlung des Elastizitätsmoduls (E-Moduls) erfolgt gewöhnlich durch Zugversuche mit Feinmessung. Für den Fabrikanten erweist sich ein solches Verfahren natürlich als viel zu kostspielig und zeitraubend, denn ihm liegt lediglich daran, ein rohes, aber vergleichsfähiges Maß für das elastische Verhalten seiner Drähte zu gewinnen. In der Praxis hat sich daher ein eigenes, einfaches Verfahren der Prüfung eingebürgert. Es besteht im wesentlichen darin, daß der zu prüfende Draht in eine Klemmvorrichtung K eingespannt und nach Fig. 13 an seinem freien Ende F mittels eines geeigneten Hebels H um 90^0 um einen Einspannbacken, der nach einem bestimmten Halbmesser ϱ abgerundet ist, umgebogen wird. Der Winkel α, um den der Draht frei zurückfedert, die Federung, gilt als Maß der Elastizität des Stoffes. Der Winkel wird um so größer ausfallen, je höher die Elastizitätsgrenze des Drahtes liegt.

Als Maß der Inanspruchnahme gilt hierbei das Verhältnis der halben Drahtstärke zum Krümmungshalbmesser des Backens $\frac{a}{2\varrho}$; den Wert $B_g = \frac{50\,a}{\varrho}$ bezeichnet man nach Tetmajer als Biegegröße des Materials. Für gleichen Drahtdurchmesser a und gleichen Halbmesser ϱ wird die Federung einen zu dem

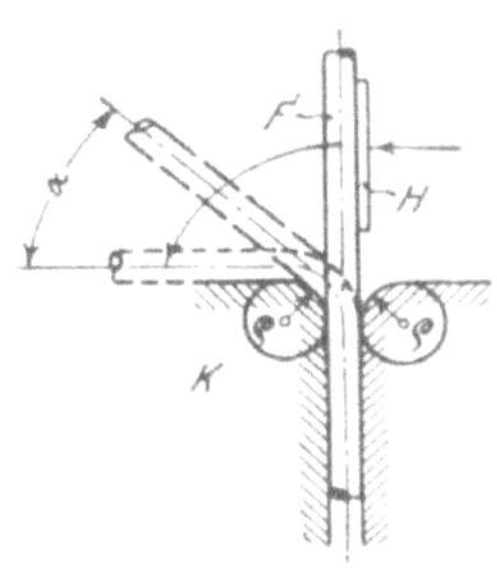

Fig. 13.

Dehnungskoeffizienten und der Elastizitätsgrenze in gewisser Beziehung stehenden Betrag annehmen. Hat man, wie im vorliegenden Falle, verschiedene Durchmesser, so muß man, um vergleichsfähige Federungen zu erhalten, den Krümmungshalbmesser so wählen, daß das Verhältnis $\frac{a}{2\varrho}$ unveränderlich ist. Gleichwohl ist offenbar, daß für verschiedene Durchmesser genaue Vergleichwerte nicht zu erwarten sind.

Es war nun lehrreich, durch Vergleich mit den Ergebnissen der späteren Feinmessungen festzustellen, inwieweit solche Federungsprüfungen richtige Angaben liefern. Es wurde daher für die Proben 1 bis 10 die Federung gemessen. Die Proben wurden zu dem Zweck in die Backen der Drahtbiegemaschine gespannt und mit einem Hebel, der sich auf die freie Länge des Drahtes anlegte, um ein zugleich mit eingespanntes Drahtstück der gleichen Stärke umgebogen. Auf diese einfache Weise wurde die Biegegröße B_g für sämtliche Drahtstärken stets gleich gehalten. Der Drahtwinkel wurde dann auf Kartonpapier gelegt, der Winkel eingeritzt und durch seine Tangente gemessen.

In Zahlentafel 3 sind die gefundenen Federungen zusammengestellt. Die Biegegröße beträgt bei sämtlichen Proben $B_g = 100$, und zwar wurden von jeder Drahtsorte 3 Proben umgebogen. Der Wert α in Spalte 5 der Zahlentafel bildet demnach das Mittel aus 3 Beobachtungen.

Zahlentafel 3.
Aenderung des Federungswinkels »α« der Stahldrähte 1 bis 10 durch Ziehen und Glühen.

Nummer der Drahtsorte	Drahtdurchmesser D mm	Zustand des Drahtes	tg α	Federungswinkel α
1	5,378	Walzdraht geglüht	0,031	1° 46′
2	4,078	gezogen	0,076	4° 21′
3	3,291	»	0,119	6° 47′
4	3,327	geglüht	0,046	2° 38′
5	2,729	gezogen	0,089	5° 5′
6	2,186	»	0,120	6° 51′
7	2,188	geglüht	0,040	2° 18′
8	1,754	gezogen	0,084	4° 48′
9	1,421	»	0,114	6° 31′
10	1,439	geglüht	0,053	3° 2′

Wie aus der Zusammenstellung hervorgeht, zeigen sämtliche geglühten Drähte, vom Walzdraht an, eine geringe Federung, was auf eine niedrige Lage der Elastizitätsgrenze hindeutet. Im Gegensatz hierzu ergibt sich für die gezogenen Drähte ein größerer Winkel α, und zwar nimmt die Federung mit jedem Zuge zu.

Genaueren Aufschluß über das elastische Verhalten der Drähte ergaben die Zugversuche mit Feinmessung, welche für die Drahtproben 1 bis 4 auf einer Drahtzerreißmaschine von Amsler-Laffon & Sohn, Fig. 14, in der Versuchsanstalt ausgeführt wurden.

Um die Ablesung der Belastung, welche bei dieser Maschine an einem Quecksilbermanometer erfolgt, überflüssig zu machen, wurde der eiserne Schwimmer, welcher sonst auf der Quecksilbersäule schwimmend den Diagrammzeichner in Bewegung setzte, zur Betätigung eines elektrischen Klingelzeichens beim Erreichen der gewünschten Belastung benutzt. In dem Augenblicke der Berührung von Quecksilberspiegel und Schwimmer wurde der Stromkreis geschlossen, und es ertönte ein kurzer Glockenschlag als Ablesezeichen. Der Beobachter saß zu dieser Zeit schon vor seinen Fernrohren und betätigte mit der Hand das Rührwerk.

Zur Dehnungsmessung wurden zwei Martenssche Spiegelapparate verwendet, die sich bei den Drähten infolge ihres geringen Durchmessers allerdings etwas schwer ansetzen ließen. Ein unmittelbares Aufsetzen der Prismen auf den Draht war zunächst nur für die Proben 1 bis 4 möglich. Bei dünneren Drähten von 3 mm abwärts mußten zur Erzielung größerer Stabilität des Spiegelapparates unter die Schneiden Paßstücke geschraubt werden, Fig. 15.

Das Aufsetzen der Paßstücke erfolgte erst, nachdem der Draht in die Ein-

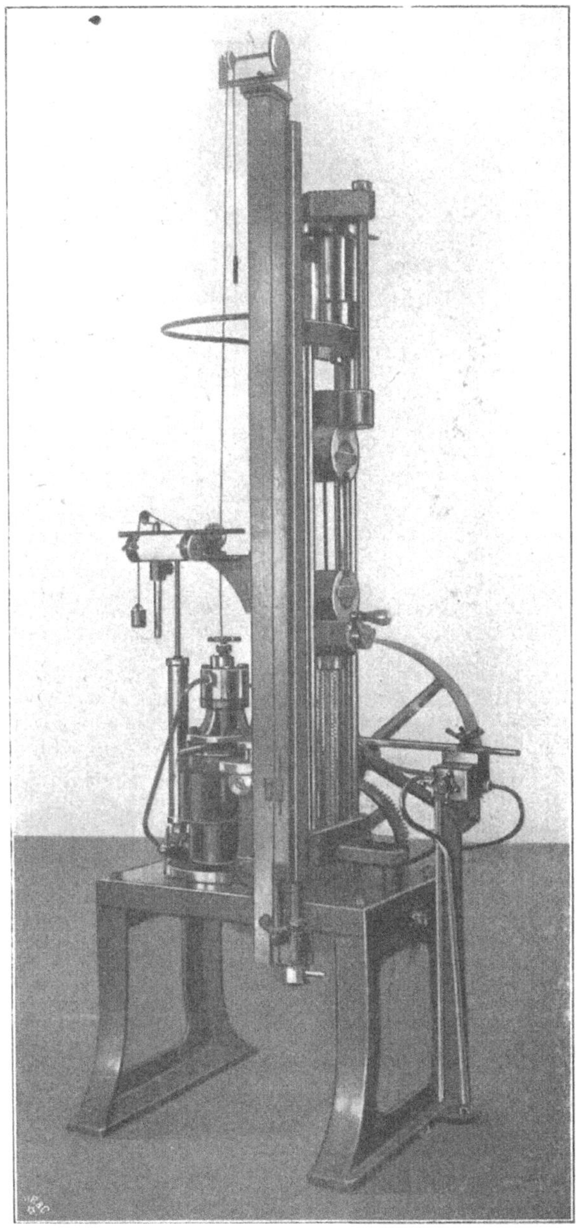

Fig. 14.

spannbacken der Maschine eingesetzt und mit der für alle Proben gleichen Anfangspannung belastet war. Es wurde damit bezweckt, etwaige Abweichungen des Drahtes von der geraden Stabform durch Belastung möglichst vor der Einstellung auszugleichen. Als Meßlänge galt die Entfernung der Schneiden der Paßstücke, die genügend genau mit einer Spitzenschublehre gemessen werden konnte.

Für die Wahl der Größe der Meßlänge war folgende Erwägung bestimmend. Nach den Vorversuchen schien es angezeigt, die Belastung in Stufen von 200 at zu steigern, wodurch eine genügend große Zahl Stufen und eine hinreichende relative Genauigkeit der Belastungsanzeige erzielt werden konnte. Da nun der Skalenmaßstab in Millimeter geteilt war, konnte unter Voraussetzung einer Uebersetzung 1 : 1000 die Genauigkeit der Dehnungsablesung auf $\pm\, 3 \times 10^{-5}$ cm angenommen werden. Legt man den fünffachen Wert des Maß-

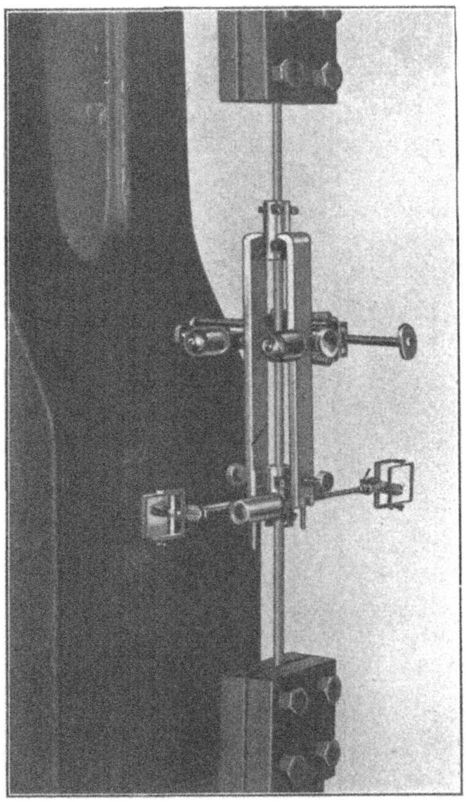

Fig. 15.

wertes $m = 10^{-4}$ zugrunde, so würde sich bei einem E-Modul von 2×10^6 kg/qcm für die gewählte Belastungsstufe von 200 at eine Meßlänge ergeben:

$$L = \frac{5\,m}{\varepsilon} = \frac{5 \cdot 10^{-4}}{1 \cdot 10^{-4}} = 5 \text{ cm}.$$

Es hätte demnach bereits eine Meßlänge von 50 mm genügende Genauigkeit verbürgt. Anderseits schien es geboten, die Meßlänge so zu wählen, daß die Ergebnisse der Feinmessung möglichst zutreffend den mittleren elastischen Zustand des Drahtes angaben. Es wurde daher die zur Erzielung einer genügenden Genauigkeit erforderliche Mindestlänge von 50 mm bedeutend überschritten. So wurden bei Probe 1 bis 4 Meßschienen von 150 mm Länge angewendet, die unmittelbar auf die Drähte aufgesetzt wurden. Für die Proben 5 bis 10 wurde bei Verwendung der gleichen Schienen eine Schneidenentfernung der Klemmen von 170 mm eingestellt.

Die Messung der Schneidenentfernung der Spiegelprismen erfolgte auf dem Zeiß-Komparator; für das eine Prisma ergab sich der Wert $r_1 = 4{,}405$ mm, für das andere $r_2 = 4{,}407$ mm und somit als erforderliche Skalenentfernung bei einem Uebersetzungsverhältnis $n = {}^1/_{1000}$

$$A_1 = 2202{,}5 \text{ mm und } A_2 = 2203{,}5 \text{ mm.}$$

Die Berechnung der Dehnungen erfolgte unter Zugrundelegung des angenäherten Uebersetzungsverhältnisses $n' = \frac{r}{2A}$. Der dadurch entstehende Fehler ist kleiner als 0,5 vH.

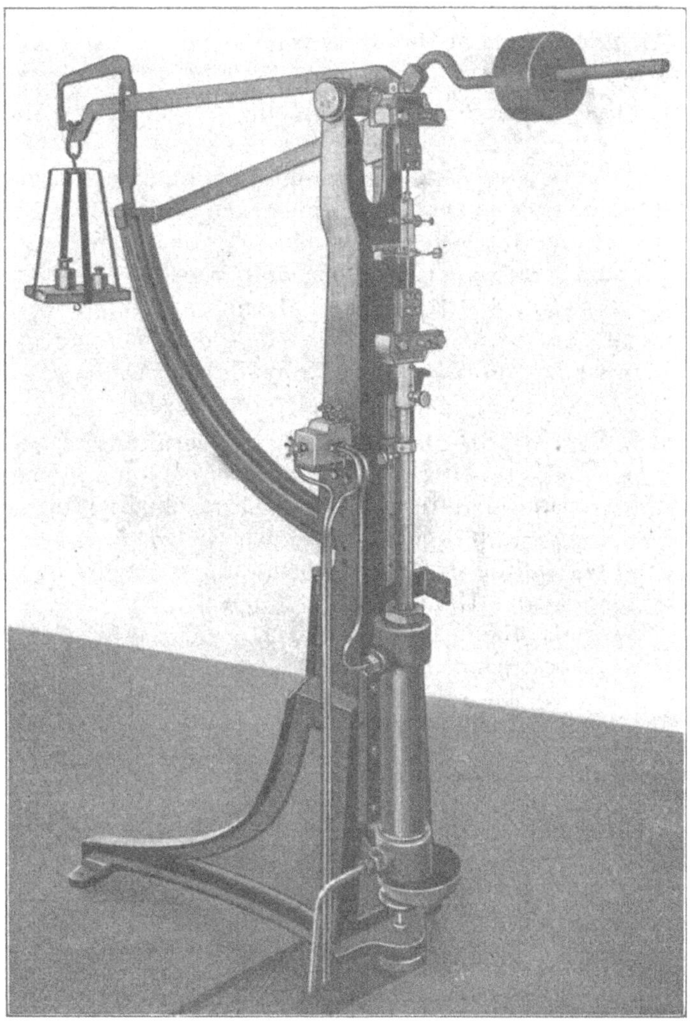

Fig. 16.

So ergab sich für den Walzdraht bei einer Meßlänge von $l = 150$ mm unter Einsetzung des durch den Vorversuch gefundenen Dehnungskoeffizienten $\alpha = 4{,}81 \cdot 10^{-7}$ für die voraussichtliche Proportionalitätsgrenze $\sigma_P = 3100$ kg/qcm die Verlängerung

$$\lambda = \alpha \sigma_P l = 223{,}7 \cdot 10^{-4} \text{ cm.}$$

Bei einer Schneidenentfernung $r = 0{,}44$ cm entspricht diesem λ ein Neigungswinkel γ der Schneidenebene gegen ihre Normalstellung von etwa 2 Grad 55 Min. Der bei Benutzung des angenäherten Uebersetzungsverhältnisses begangene Fehler beträgt demnach in diesem Falle

$$\frac{\sin \gamma - {}^1/_2 \operatorname{tg} 2\gamma}{\sin \gamma} \times 100 = 0{,}47 \text{ vH.}$$

Die Belastungssteigerung erfolgte bei sämtlichen Drähten, außer bei den vier für die Wiederholungsversuche bestimmten Proben, bis zum Eintritt des Fließens, soweit ein solches bemerkbar war. Die vier zu Wiederholungsversuchen bestimmten Proben — es waren dies je 1 Draht von den ersten vier Drahtsorten — wurden lediglich bis zur Proportionalitätsgrenze belastet, da eine weitere Belastung leicht Ursache einer Veränderung des E-Moduls und der P-Grenze hätte werden können.

Für die Drahtproben 1 bis 4 wurden die Feinmeßversuche auf der beschriebenen Amsler-Laffon-Maschine ausgeführt, während die dünneren Drähte von Probe 5 ab auf einer Schopperschen Papierzerreißmaschine untersucht wurden. Die Belastung ist auch bei dieser Maschine hydraulisch. Um sie zu Feinmeßversuchen verwenden zu können, wurde anstatt der Neigungswage ein doppelarmiger Hebel eingesetzt. Der Hauptvorzug dieser Anordnung, die aus Fig. 16 näher ersichtlich ist, besteht darin, daß eine genaue Belastung schnell, bequem und dauernd eingestellt und die Spiegelablesung daher für ruhende Belastungen ausgeführt werden kann.

Die Ergebnisse der Feinmeßversuche sind in Zahlentafel 4 zusammengestellt. Der Berechnung des E-Moduls sind die ermittelten Querschnittgrößen der Drähte zugrunde gelegt. Für jeden Einzelversuch wurde aus der für eine bestimmte Spannungsstufe sich ergebenden, elastischen Dehnung der E-Modul berechnet und schließlich graphisch der Mittelwert aus sämtlichen Versuchswerten gebildet. Dieser ist als mittlerer Elastizitätsmodul unter der Bezeichnung E_m in die Zahlentafel eingetragen. Um Aufschluß über die Verschiedenheit der Einzelwerte zu geben, sind daneben die mittleren Abweichungen $\varDelta E$ der Einzelwerte von ihrem Mittelwerte vermerkt.

Zahlentafel 4.

Aenderung des Elastizitätsmoduls, der Proportionalitäts- und Elastizitätsgrenze von Stahldrähten durch Ziehen und Glühen.

Nummer der Drahtsorte	Drahtdurchmesser D mm	Zustand des Drahtes	Anzahl der Feinmeßversuche	mittlerer Elastizitätsmodul E_m kg/qmm	mittlere Abweichung $\varDelta E$	mittlere Proportionalitätsgrenze σ_P kg/qmm	mittlere Abweichung $\varDelta \sigma_P$ kg/qmm	mittlere Elastizitätsgrenze σ_E kg/qmm	mittlere Abweichung $\varDelta \sigma_E$ kg/qmm
1	5,378	Walzdraht geglüht	10	20 870	100	33,0	3,0	23,5	1,3
2	4,078	gezogen	8	20 450	70	38,5	2,4	28,0	1,7
3	3,291	»	9	20 600	50	46,1	1,5	31,0	1,3
4	3,327	geglüht	8	20 950	60	32,4	1,6	20,7	1,2
5	2,729	gezogen	8	19 400	80	42,0	2,5	27,0	1,7
6	2,186	»	10	19 780	90	48,7	2,1	32,3	1,5
7	2,188	geglüht	8	20 700	50	32,0	1,7	20,0	1,2
8	1,754	gezogen	10	19 470	90	13,5	2,0	17,4	1,6
9	1,421	»	9	19 640	40	20,9	1,8	21,0	1,5
10	1,439	geglüht	8	21 200	40	30,7	1,7	19,6	1,2

In gleicher Weise sind auch die mittlere Proportionalitätsgrenze (*P*-Grenze) und die mittlere Elastizitätsgrenze (*E*-Grenze) als Mittel aus sämtlichen sich ergebenden Spannungen an der *P*- bezw. *E*-Grenze berechnet und die mittlere Abweichung $\varDelta\sigma_P$ bez. $\varDelta\sigma_E$ als Maß für die Verschiedenheit der Einzelwerte aufgestellt worden.

Nimmt man den Fehler der Belastungsanzeige der Amsler-Maschine zu $^1/_2$ vH an, so würde bei der bereits ermittelten Genauigkeit der Dehnungsmessung von 0,5 vH der Wert für den *E*-Modul im ungünstigsten Fall um rd. 180 kg/qmm schwanken. Im wahrscheinlichen Falle würde der Fehler auf etwa 100 kg/qmm zu schätzen sein. Wie aus der Zusammenstellung ersichtlich, hat diese Fehlergröße den gleichen Betrag wie die größte mittlere Abweichung der Einzelwerte des *E*-Moduls vom Mittelwert.

Der Wert $\varDelta E$ gibt übrigens ein Maß für die Gleichförmigkeit der Elastizität des Stoffes. Die größte Abweichung $\varDelta E = 100$ kg/qmm, also die relativ größte Ungleichförmigkeit, zeigt der Draht als Walzdraht. Durch das Ziehen wird die elastische Beschaffenheit des Drahtes offenbar gleichmäßiger, denn die mittlere Abweichung $\varDelta E$ der gezogenen Drähte ist bedeutend geringer als 100 kg/qmm. Den geringsten Wert der Abweichung, also die größte Gleichförmigkeit, findet man in den gezogenen und darauf ausgeglühten Drähten, bei denen $\varDelta E$ im Mittel nur 40 kg/qmm beträgt.

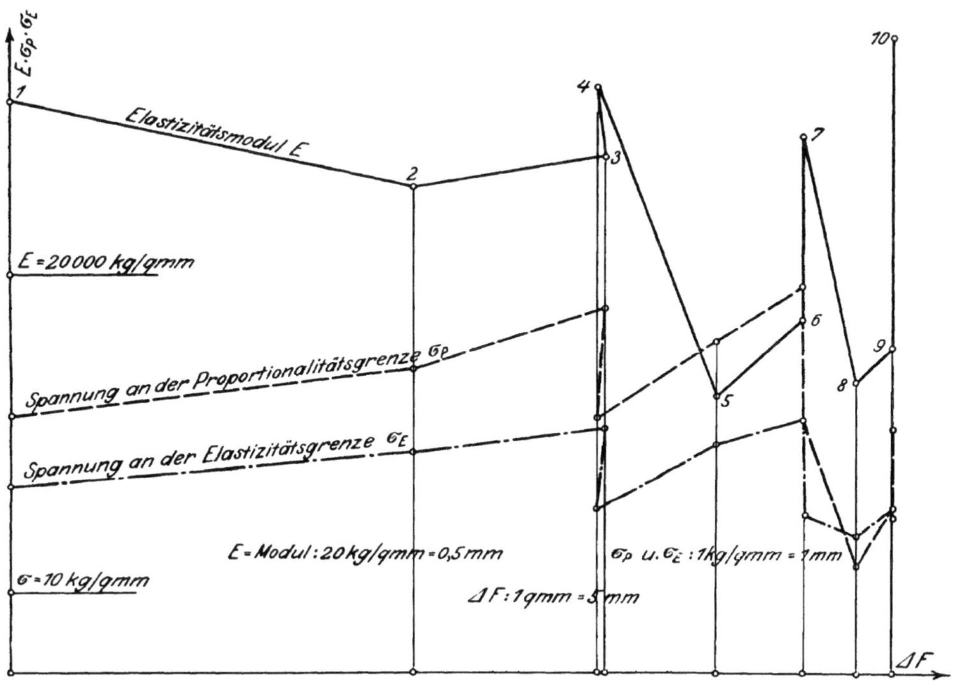

Fig. 17. **Aenderung des Elastizitätsmoduls, der Proportionalitäts- und der Elastizitätsgrenze von Stahl durch Ziehen und Glühen.**

Die Veränderung des *E*-Moduls, der *P*- und *E*-Grenze der einzelnen Drahtsorten ist aus der Zahlentafel ersichtlich. Um ein klares Bild der Veränderungen zu geben, sind die einzelnen Mittelwerte in Fig. 17 dargestellt, und zwar wurden die Werte für den *E*-Modul, die Spannungen σ_P und σ_E über den durch das Ziehen hervorgerufenen Querschnittverminderungen aufgetragen.

Erster Zug.

Im Vergleich zu Drahtsorte 1, dem geglühten Walzdrahte, zeigt der Linienzug des *E*-Moduls einen fallenden, derjenige der Proportionalitäts- und Elastizitätsgrenze aber einen ansteigenden Verlauf.

Der mittlere *E*-Modul ist bei Probe 2 durch das Ziehen um 420 kg/qmm — um 2 vH des ursprünglichen Wertes — gefallen. Dabei beträgt die mittlere Abweichung der Einzelwerte vom Mittel bei dem Walzdraht 100 kg/qmm und bei der 2. Probe 70 kg/qmm.

Die *P*-Grenze und *E*-Grenze sind hingegen gestiegen. Die Spannung σ_P ist von 33,0 auf 38,5 kg/qmm, also um etwa 17 vH, und die Spannung σ_E um etwa 19 vH durch das Ziehen erhöht worden. Der Draht ist demnach elastischer geworden, denn der *E*-Modul ist gefallen, die Grenzspannung für das Auftreten bleibender Formänderung ist künstlich erhöht worden.

Es entspricht dies der alltäglicheu Erfahrung, daß die meisten Metalle durch mechanische Bearbeitung im kalten Zustande, wie Hämmern, Walzen und Ziehen elastischer werden und ihre Formänderungsfähigkeit bis zu einem gewissen Grade verlieren.

Zweiter Zug.

Verfolgt man den Linienzug weiter, so erkennt man an Probe 3 zwar auch eine weitere Erhöhung der *P*- und *E*-Grenze, jedoch sonderbarerweise ein Ansteigen des *E*-Moduls.

Eine weitere Zunahme der Spannung σ_P um etwa 19 vH und der Spannung σ_E um etwa 17 vH ist begleitet von einer Erhöhung des *E*-Moduls um 150 kg/qmm, also um 0,7 vH. Diese Zunahme ist sehr gering, sie liegt zwar außerhalb der Fehlergrenzen des Versuchs, doch nahe derselben. Auch dem absoluten Werte nach liegt der *E*-Modul der Probe 3 unter demjenigen des Walzdrahtes, entsprechend einer größeren Elastizität des gezogenen Drahtes. Es wäre mithin dieser geringen Zunahme des *E*-Moduls keine weitere Bedeutung beizulegen, wenn sich diese Erscheinung nicht auch bei den Proben 6 und 9 in derselben Weise gezeigt hätte.

Auch bei diesen Drahtsorten zeigt sich als Folge des 2. Zuges eine Erhöhung des *E*-Moduls, und es scheint, als wenn das Ziehen auf bereits gezogenen Draht hinsichtlich des *E*-Moduls einen anderen Einfluß ausübt, als auf geglühten Draht. Dies erscheint übrigens durchaus nicht widersinnig, da bei einem Stoff, der durch die mechanische Bearbeitung bereits andere Eigenschaften angenommen hat, auch der Einfluß des Drahtzuges ein anderer sein kann.

Die übrigen Züge.

Analog dem Einfluß des 2. und 3. Zuges zeigen die Drahtsorten 5 und 6 als Folge des 3. bezw. 4. Zuges eine Erhöhung der *P*- und *E*-Grenze. So ist bei ersterer die Spannung σ_P von 32,4 auf 42,0 kg/qmm, also um etwa 29 vH, die *E*-Grenze von 20,7 auf 27,0 kg/qmm, also um etwa 30 vH gestiegen.

In Probe 6 ist die *P*-Grenze schließlich auf 48,7, die *E*-Grenze auf 32,3 kg/qmm erhöht worden. Dabei hat der *E*-Modul in dem auf die Glühung folgenden 3. Zug eine bedeutende Abnahme, in dem nächstfolgenden Zuge dagegen eine geringe Zunahme seines Wertes erfahren.

Im allgemeinen zeigen mithin die Proben 5 und 6 ein ähnliches Verhalten hinsichtlich der Grenzspannungen σ_P, σ_E und des *E*-Moduls wie die Proben 2 und 3, und es kann der Einfluß des Ziehens auf diese Größen kurz folgendermaßen gekennzeichnet werden:

Der *E*-Modul geglühten Stahldrahtes wird durch das Ziehen erniedrigt, die *E*-Grenze sowie die *P*-Grenze werden erhöht. Durch wiederholtes, nicht zu weit getriebenes Ziehen findet eine weitere Erhöhung der *P*- und *E*-Grenze statt.

Im Gegensatz zu diesen mit der alltäglichen Erfahrung in der Metallbearbeitung übereinstimmenden Ergebnissen steht nun das Verhalten der Drahtsorte 8 sowohl in bezug auf ihre Proportionalitäts- wie Elastizitätsgrenze.

Probe 8 zeigt bei einer Erniedrigung des *E*-Moduls von 20700 auf 19470 kg/qmm, also um etwa 6 vH, auffallenderweise keine Erhöhung der *P*-Grenze und *E*-Grenze, sondern eine Erniedrigung. Die *P*-Grenze fällt von 32,0 auf 13,5 kg/qmm, also um etwa 58 vH, und desgleichen die *E*-Grenze von 20,0 auf 17,4 kg/qmm, also um 13 vH. Die Erniedrigung der *P*-Grenze ist demnach sehr beträchtlich und liegt weit außerhalb der mittleren Abweichung der Einzelwerte vom Mittel, die für diese Probe 2,0 kg/qmm, d. h. etwa 14 vH beträgt. Sämtliche 10 Proben der Drahtsorte 8 zeigten die gleiche Erscheinung, und auch die Diagramme der an den übrigen Drähten dieser Sorte ausgeführten Zerreißversuche ließen die niedrige *P*-Grenze deutlich erkennen. Auch in den später behandelten Verdrehungsversuchen ist durch die große Verwindungszahl dieser Drahtsorte und die deutliche Faserverdrehung auf der Oberfläche die niedrige *E*-Grenze angedeutet. Die niedrige Lage beider Grenzen dürfte daher als festgestellt erachtet werden, und es handelt sich hier in der Tat um einen Ausnahmefall, der nicht recht erklärlich ist.

Probe 9 zeigt wieder das normale Ansteigen beider Grenzspannungen, nur bleibt die Spannung σ_P noch erheblich unter dem Werte, der sich für die geglühte Drahtsorte 8 ergab.

Erste Glühung.

Probe 4, d. i. Probe 3 in geglühtem Zustande, zeigt als Folge des Ausglühens eine Erhöhung des *E*-Moduls um 350 kg/qmm, also um 1,7 vH, und eine Erniedrigung der *P*- und *E*-Grenze um etwa 29 bezw. 33 vH. Der absoluten Größe nach zeigen sich bei der geglühten Drahtsorte 4 ungefähr die gleichen Werte für den *E*-Modul und die Grenzspannungen wie bei dem Walzdraht. Nur findet man für Drahtsorte 4 eine bedeutend geringere Ungleichförmigkeit des Materiales, indem die mittlere Abweichung der Einzelwerte vom Mittel nur ungefähr halb so groß ist wie bei Probe 1.

Die übrigen Glühungen.

Die gleichen Erscheinungen zeigen sich bei den Proben 7 und 10. In beiden Fällen bewirkt das Glühen eine Zunahme des *E*-Moduls, bei Probe 7 um etwa 4,6 vH, bei Probe 10 um etwa 7,9 vH. Die Drahtsorte 10 dürfte übrigens, wie aus dem relativ hohen Werte des *E*-Moduls und der niedrigen *P*- und *E*-Grenze zu schließen ist, eine besonders günstige Ausglühung und Abkühlung erfahren haben. Die *P*- und *E*-Grenze zeigen bei Probe 7 die übliche Erniedrigung, und zwar um etwa 34 vH bezw. 38 vH des Wertes vor der Glühung.

Bei Probe 10 hat das Ausglühen eine Erhöhung der *P*-Grenze zur Folge: die Zunahme beträgt etwa 47 vH. Die *E*-Grenze hat sich hierbei um nur 1,4 kg/qmm geändert, so daß diese Aenderung in Anbetracht der durch die Ungleichförmigkeit des Materials gegebenen mittleren Abweichung von 1,5 kg/qmm ganz außer Betracht kommt.

Daß in diesem Falle die *P*-Grenze durch das Glühen eine Erhöhung statt eine Erniedrigung erfahren hat, erklärt sich daraus, daß sie nicht, wie in den übrigen Fällen, künstlich erhöht, sondern erniedrigt war. Da, wie bereits festgestellt, der Einfluß des Ausglühens darin besteht, daß der ursprüngliche Zustand des Materials wieder hergestellt wird, mußte in diesem Fall eine Erhöhung der *P*-Grenze eintreten. Das außergewöhnliche Verhalten der Probe 10 hinsichtlich der *P*-Grenze ist also nur eine Folge des anormalen Verhaltens der Probe 9 in dieser Beziehung, und es kann der Einfluß des Glühens auf gezogenes Material ganz allgemein wie folgt gekennzeichnet werden:

Das Ausglühen führt die durch mechanische Bearbeitung veränderten Grenzspannungen σ_P und σ_E sowie den *E*-Modul annähernd wieder auf die ursprünglichen Werte zurück, welche je nach Art des Ausglühens und Abkühlens des Materials mehr oder weniger vollkommen erreicht werden.

Bei der Erklärung der Aenderung des elastischen Verhaltens durch das Ziehen und Glühen könnte man zunächst davon ausgehen, daß sich zwischen spezifischem Gewicht und *E*-Modul ein gewisser Parallelismus zeigte. Da für die Dichteänderungen bereits eine Erklärung aufgestellt wurde, gilt es zu prüfen, inwieweit diese auch die Aenderungen des elastischen Verhaltens erklären hilft.

Die Abnahme des spezifischen Gewichtes der gezogenen Drähte erklärte sich unter Anlehnung an die Maxwellsche Theorie durch ein Aufreißen des Gefüges im Innern infolge der allzugroßen Zusammenpressung der Moleküle. Es fragt sich nun, wie damit die gleichzeitig festgestellte Abnahme des Elastizitätsmoduls in Einklang zu bringen ist.

Ich dachte mir zur Erklärung der Dichtevorgänge das Material zunächst als porig, was offenbar dem wirklichen Zustand entspricht. Unterwirft man einen Stab aus solchem Material dem Feinmeßversuch, so wird bei einer Belastung die wirklich im Querschnitt auftretende Spannung größer sein, als sie sich durch das Verhältnis der Belastung zum Querschnitt berechnet, indem der wirklich tragende Querschnitt des Stabes infolge der Lücken kleiner als der berechnete ist. Dementsprechend werden infolge der in Wirklichkeit größeren Spannung diejenigen Stablängen, zwischen denen solche porigen Querschnitte liegen, auf Grund der auf den gemessenen Querschnitt bezogenen Spannung eine zu große elastische Dehnung ergeben. Da innerhalb der Meßlänge offenbar sehr viele solche Stabteilchen liegen, wird der Feinmeßversuch bei einem porigen Material eine zu große Dehnung, also einen zu kleinen *E*-Modul ergeben. Würde dann durch irgend ein Arbeitsverfahren der Dichtigkeitsgrad des Stoffes erhöht, indem die Hohlräume mit Stoffteilchen ausgefüllt werden, so müßte sich eine Zunahme des *E*-Moduls ergeben. Da sich nun im allgemeinen ein Parallelismus zwischen spezifischem Gewicht und *E*-Modul ergab, würde in der Tat durch die früheren Annahmen auch die Aenderung des elastischen Verhaltens ihre Erklärung finden, wenn nicht Folgendes dagegen spräche: Zunächst handelt es sich, wenn von porigen Querschnitten gesprochen wird, um so unendlich kleine Hohlräume, daß durch ihr Verschwinden nicht so beträchtliche Aenderungen des *E*-Moduls hervorgerufen werden könnten, wie festgestellt wurden. Dasselbe gilt auch von dem Auflockern des Gefüges infolge übermäßiger Pressung im Ziehloche. Auch hier können nur verschwindend kleine Hohlräume entstehen, wodurch Abnahmen des E-Moduls, die bis 8 vH betragen, nicht erklärt werden können.

Bei Erklärung der Aenderung des elastischen Verhaltens geht man daher besser von der inneren Reibung aus. Nach Dr. Schmidt[1]) besteht ein fester Körper aus sehr kleinen, stofflich und räumlich unter sich völlig gleichen, vollkommen elastischen Körperelementen, materiellen Punkten, deren Gestalt unter dem Einfluß äußerer Kräfte veränderungsfähig ist. Benachbarte Körperteilchen stehen unter sich in Berührung und werden durch die ihnen eigenen, molekularen Anziehungskräfte unter bestimmtem Druck in dieser erhalten. Die Körperteilchen sind unter bestimmten Bedingungen gegeneinander verschiebbar und werden nach der Verschiebung durch eine im Innern des Körpers tätige Kraft, die innere Reibung, verhindert, wieder in die am Beginn der Beanspruchung vorhandene, gegenseitige Stellung zurückzukehren. Hiernach zeigt sich ein Körper so lange vollkommen elastisch, wie die beanspruchende Kraft kleiner ist als die innere Reibung des Körpers. Uebersteigt die Kraft diesen Betrag, so verschieben sich die kleinsten Teile gegeneinander, die Elastizitätsgrenze ist überschritten.

Denkt man sich einen solchen Körper einem allseitigen Druck im Ziehloch ausgesetzt, so werden durch die Zusammenpressung des Körpers die Mittelpunkte der Körperteilchen einander genähert, wodurch die Zahl der Berührungspunkte zwischen ihnen vergrößert wird. Durch die Kaltbearbeitung wird also die innere Reibung des Körpers erhöht, d. h. es ist eine größere Kraft zur Verschiebung der Körperteilchen nötig, die Elastizitätsgrenze des Materials ist höher gelegt worden.

Nun hat man es in vorliegendem Falle aber nicht mit einem homogenen Körper zu tun, wie ihn offenbar Schmidt bei Aufstellung seiner Hypothese voraussetzt. Der Stahl, wie auch sämtliche anderen metallischen Stoffe, welche die Technik verwendet, sind vielmehr Metallegierungen und haben durchaus nicht an jeder Stelle gleiche geometrische, chemische und physikalische Beschaffenheit. So ist der Stahl eine Eisenkohlenstofflegierung, und durch die mikroskopische Untersuchung wurden in dem vorliegenden Materiale verschiedene Gefügebildner, der Ferrit und Perlit, festgestellt.

Ich erkläre daher die höhere Elastizität gezogener Drähte nicht nur durch eine Vergrößerung des Berührungsdruckes der einzelnen Gefügebildner, sondern vielmehr durch die Aenderung der Anordnung der Gefügebildner und ihre Umformung.

So zeigte der mikroskopische Befund deutlich, daß die Ferritkristalle eine Zusammenpressung in der Querrichtung und eine Verlängerung in der Zugrichtung erfahren hatten.

Ihre Berührungsfläche in der Längsrichtung des Drahtes ist demnach größer geworden und die Zahl der Reibungsstellen vermehrt, die innere Reibung erhöht worden. Dabei entspricht der dichteren Struktur der Randschichten der gezogenen Drähte im Vergleich zu dem Innern eine größere Zahl Reibungsstellen, also eine höhere Elastizität. Von dem gleichen Gesichtspunkte aus erklärt sich auch die Verminderung der Elastizität durch das Ausglühen. Auch

[1]) Dr. Schmidt, Ueber die innere Reibung. Breslau 1880. Verlag von Gosohorsky Vergl. auch H. Fischer, Dinglers Polytechnisches Journal 1884 Bd. 251.

zeigt die mikroskopische Untersuchung, daß die Anordnung der Gefügebildner und ihre Form, also die Berührungsfläche und Zahl der Reibungsstellen, durch die Erwärmung wieder annähernd die ursprüngliche geworden ist.

Von anderen Arbeiten, welche die Aenderung des elastischen Verhaltens eines Stoffes durch Bearbeitung behandeln, wäre als älteste Untersuchung diejenige des schwedischen Gelehrten Peter Lagerhjelm[1]) zu erwähnen, die bereits im Jahr 1829 in einer Uebersetzung von Dr. Pfaff in Nürnberg erschien.

Lagerhjelm spricht in seiner Abhandlung von einem Maß und einer Grenze der Spannkraft, und zwar ist, wie aus seiner Definition hervorgeht, unter dem Maß der Spannkraft der E-Modul zu verstehen. Die Grenze der Spannkraft ist gleichbedeutend mit dem Begriffe der Elastizitätsgrenze. Die Ursache der Spannkraft sieht Lagerhjelm in der Wirkung einander entgegengesetzter, durch die Starrheit nicht ganz aufgehobener Kräfte, deren Gleichgewicht das Volumen des Körpers bestimmt[2]). Lagerhjelm untersuchte in der Hauptsache den Einfluß des Schmiedens und Walzens auf die Festigkeit und Elastizität des Eisens. Er fand bei dem geschmiedeten Eisen eine größere Elastizität als bei dem gewalzten Eisen, was er auf die Wirkung des Kalthämmerns zurückführt. Ferner stellt er eine Verminderung des E-Moduls und auch der »gravitas spezifica«, des spezifischen Gewichts, fest, welche gleichzeitig mit der Erhöhung der P-Grenze auftritt. Die gleiche Erscheinung fand er bei Probestäben, die im Zerreißversuche eine große bleibende Streckung erfahren hatten, sowie bei gezogenen Drähten. Hinsichtlich des Einflusses des Ausglühens auf kalt bearbeitetes Eisen folgert er aus seinen Versuchen eine Unveränderlichkeit des E-Moduls. Seine Ergebnisse befinden sich mithin, mit Ausnahme dieses letzten Punktes, im wesentlichen im Einklang mit denen der neueren Forschung und vorliegender Untersuchung.

Ungefähr in die gleiche Zeit fallen die Versuche von A. Brix[3]) über die Kohäsions- und Elastizitätsverhältnisse von Drähten. Brix kommt übrigens zu der gleichen Annahme, daß der Elastizitätsmodul durch Glühen nicht verändert wird. Allerdings hatte er, ähnlich wie Lagerhjelm, auch verschiedene Ausnahmefälle beobachtet. Diese Unveränderlichkeit des E-Moduls gezogener Drähte während des Glühens steht nun im Widerspruch mit vorliegenden Versuchsergebnissen, welche in Uebereinstimmung mit der neueren Forschung eine Erhöhung des E-Moduls für Zug durch Glühen feststellten. Hierbei ist jedoch zu berücksichtigen, daß, wie im nächsten Kapitel behandelt wird, aller Wahrscheinlichkeit nach auch ein Einfluß der Zeit auf den E-Modul besteht. Nimmt man nun an, die Drahtgruppen der Untersuchungen von Brix seien schon sehr lange vor der Untersuchung gezogen worden, was sehr wahrscheinlich ist, da er gewöhnliche Marktware als Untersuchungsmaterial benutzte, so erscheint das Ergebnis durchaus nicht widersprechend Die Wiederholung der Feinmeßversuche ergab, daß der E-Modul der gezogenen Proben mit der Zeit wieder steigt, es wird mithin nach Verlauf genügender Zeit sehr wenig Unterschied für die gezogenen und geglühten Drähte bestehen. Brix selbst sagt am Schlusse seiner Abhandlung, daß es zum Beweise seiner Schlußfolgerungen eigentlich nötig ge-

---

[1]) Peter Lagerhjelms Versuche zur Bestimmung der Dichtheit, Gleichartigkeit, Elastizität, Schmiedbarkeit und Stärke des gewalzten und geschmiedeten Stabeisens, übersetzt von Dr. Pfaff. Nürnberg 1829. Verlag von J. Leonhardt Schrey.

[2]) Siehe auch Grens Naturlehre. Halle 1801 S. 74.

[3]) A. Brix, »Ueber die Kohäsions- und Elastizitätsverhältnisse einiger nach ihren Dimensionen beim Bau der Hängebrücken in Anwendung kommenden Drähte des In- und Auslandes«. Berlin 1837.

wesen wäre, sämtliche Drahtsorten von der gröbsten bis zur feinsten aus dem gleichen Stabeisen zu ziehen und einer Prüfung zu unterwerfen.

Von neueren Untersuchungen, welche vorwiegend das elastische Verhalten von Drähten behandeln, sei die Abhandlung von Paul A. Thomas[1]) erwähnt. Dieser untersuchte einen Flußeisenstab hinsichtlich seiner Elastizität bei verschiedenen Temperaturen und fand, daß die Elastizität, welche ein Stoff bei einer bestimmten Temperatur zeigt, von der Dauer der Einwirkung dieser Temperatur abhängig ist. Er unterscheidet daher zwischen Initialwerten, d. h. anfänglichen Werten, und Akkomodationswerten, als den nach langer Einwirkung der betreffenden Temperatur sich ergebenden Werten des Elastizitätskoeffizienten. Die Größe der Elastizitätsänderung mit der Temperatur ist nach ihm proportional dem thermischen Ausdehnungskoeffizienten.

Ueber die Wirkung des Ausglühens liegen auch verschiedene Arbeiten von Rudeloff[2]) vor, welcher den Einfluß der Wärme, chemischen Zusammensetzung und mechanischen Bearbeitung auf die Festigkeitseigenschaften von Kupfer untersuchte. Er fand, daß die mechanische Bearbeitung, das Hartziehen, Hartwalzen und Kalthämmern bei einzelnen Kupfersorten Proportionalität zwischen Belastung und Dehnung schafft, die aber bei einer Erwärmung von 200 bis 300° wieder verloren geht. Im wesentlichen aber enthalten diese Abhandlungen mehr Ergebnisse hinsichtlich Aenderungen der Festigkeit und Bruchdehnung des Materials. Das gleiche gilt auch für seine Untersuchungen über den Einfluß der Intensität und Dauer der Glühhitze auf Eisen- und Stahldrähte.

Hinsichtlich des elastischen Verhaltens sind ferner einige neuere, mehr physikalische Untersuchungen zu nennen. Dies ist zunächst die Arbeit von Florian Peer[3]) über dünne Metallfäden. Er stellt fest, daß der Modul der Elastizität, der spezifische elektrische Widerstand mit der Dicke der Drähte abnimmt, der Modul der Torsion dagegen zunimmt.

Eine ähnliche Arbeit ist auch die Abhandlung von Dr. Wegner, die bereits erwähnt wurde. Wegner fand bei einer Untersuchung einer Reihe von Platin-Iridium-Drähten nach dem ersten Zug eine Zunahme des E-Moduls, dann beim Dünnerziehen des Drahtes eine Abnahme. Auch stellt er einen Parallelismus zwischen der Dichte, dem E-Modul und dem Torsionsmodul bei gezogenen Drähten fest. So berichtet er für die Platin-Iridiumdrähte als anfängliche Dichte 21,941 bei einem E-Modul $E = 18400$ kg/qmm und einem Torsionsmodul $F = 6890$ kg/qmm. Nachdem dann der Draht hintereinander 6 Ziehlöcher passiert hat, entsprechend einer Durchmesserabnahme von 3,0 auf 0,08 mm, beträgt die Dichte nur 21,661, der E-Modul 17000 kg/qmm und der Torsionsmodul 6286 kg/qmm.

Zum Schluß mag noch eine Arbeit hervorgehoben werden, welche ihre Ergebnisse auf Untersuchungen von Drähten der verschiedensten Stoffe gründet. Es ist dies die Abhandlung von H. Fischer[4]), welcher gleichfalls eine Erniedrigung des E-Moduls und eine Erhöhung der E-Grenze durch Ziehen feststellt. Für einen Phosphorbronzedraht ergab sich beispielsweise in geglühtem Zustand ein E-Modul von 11600 kg/qmm bei einer Spannung an der Elastizitätsgrenze $\sigma_E = 7{,}9$ kg/qmm, in hartgezogenem dagegen $E = 10900$ kg/qmm und $\sigma_E = 45{,}1$ kg/qmm. Die elastische Dehnung im Augenblick des

[1]) Paul A. Thomas, Der longitudinale Elastizitätskoeffizient eines Flußeisens.

[2]) Vergl. Mitteilungen von der mechan.-techn. Versuchsanstalt, Berlin 1898. S. 171.

[3]) Florian Peer, Experimentelle Untersuchung sehr dünner Metallfäden. Zürich 1904.

[4]) H. Fischer, Untersuchung der Zugfestigkeit von Metalldrähten. Ziviling. XXX.

Bruches in Prozenten der gesamten Bruchdehnung fand er zu 1 bei dem geglühten und zu 75 bei dem hartgezogenen Draht. Fischer führt übrigens einen neuen Begriff, den Elastizitätsgrad, ein, und zwar versteht er darunter das Verhältnis der spezifischen elastischen Gesamtarbeit zu der spezifischen Gesamtarbeit. Er ergab sich für den geglühten Draht zu 0,014, für den hartgezogenen zu 36,0.

VII.

Zeitliche Aenderung des elastischen Verhaltens.

Entsprechend der zweiten Dichtebestimmung wurden nach Verlauf eines halben Jahres für die Drahtproben 1, 2 und 3 die Feinmeßversuche wiederholt. Zu dem Zwecke war, wie bereits erwähnt, von jeder dieser Drahtsorten je ein Draht gelegentlich des 1. Feinmeßversuches gerade nur so weit belastet worden wie zur Bestimmung der P-Grenze erforderlich war. Diese Proben wurden aufbewahrt und nach etwa 6 Monaten einem zweiten Feinmeßversuche unterworfen. Die Art der Versuchsausführung war genau die gleiche wie das erste Mal und geschah unter gleichen Verhältnissen. Es mag daher genügen, in Zahlentafel 5 die Ergebnisse der ersten und zweiten Untersuchung nebeneinander zu stellen. Die Werte für den E-Modul, die P-Grenze und die E-Grenze sind auch in der

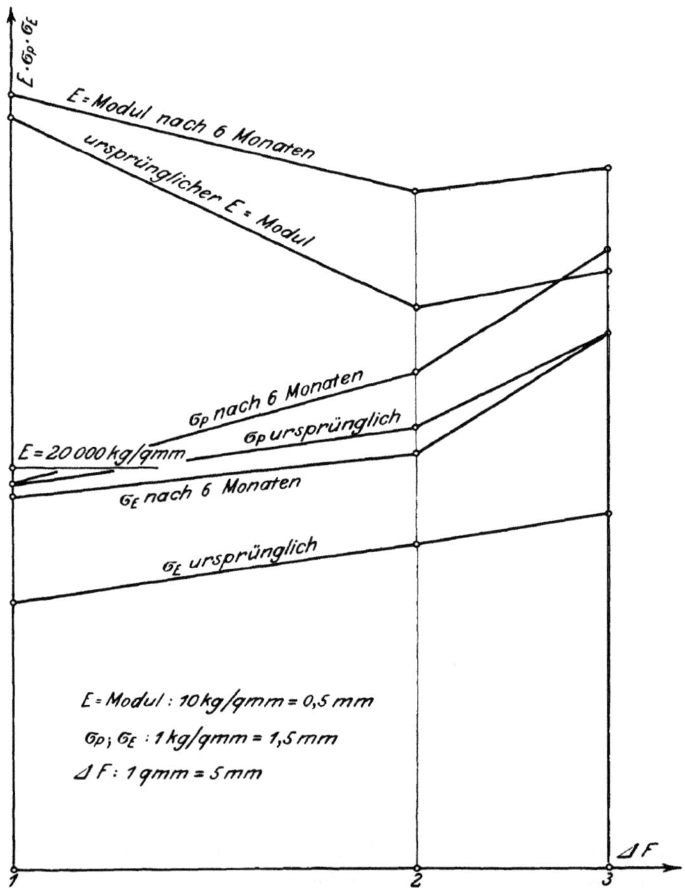

Fig. 18. Zeitliche Aenderung des E-Moduls und der Spannungen σ_P und σ_E geglühter und hartgezogener Drähte.

bildlichen Darstellung in Fig. 18 eingetragen, und zwar bilden die Ergebnisse der ersten Untersuchung die unteren, diejenigen der späteren die oberen Linienzüge.

Zahlentafel 5.

Zeitliche Aenderung des Elastizitätsmoduls, der Proportionalitäts- und Elastizitätsgrenze von Stahldrähten.

Nummer der Drahtsorte	Drahtdurchmesser D mm	Zustand des Drahtes	Zeitpunkt des Versuches	Elastizitätsmodul E kg/qmm	Proportionalitätsgrenze σ_P kg/qmm	Elastizitätsgrenze σ_E kg/qmm
1	5,378	Walzdraht geglüht	1. Untersuchung	20 890	32,0	22,0
			6 Monate später	20 950	32,0	30,8
2	4,078	gezogen	1. Untersuchung	20 410	36,7	26,8
			6 Monate später	20 700	41,4	34,5
3	3,291	gezogen	1. Untersuchung	20 500	44,7	29,4
			6 Monate später	20 760	51,8	44,7

Die E-Grenze.

Vergleicht man zunächst die E-Grenze der beiden Züge, so findet man, daß bei sämtlichen 3 Proben eine bedeutende Erhöhung eingetreten ist. Die Wiederholungsversuche ergeben E-Grenzen, welche ungefähr bis zu den P-Grenzen, die der frühere Versuch ergab, angestiegen sind. Dies entspricht übrigens völlig der Erwartung, da in den ersten Versuchen eine Belastung der Probedrähte bis zur P-Grenze vorgenommen wurde. Man hätte sogar erwarten können, daß die zweite E-Grenze höher als die erste P-Grenze lag. Dies gilt für den geglühten Walzdraht genau so, wie für die gezogenen Drähte.

Der E-Modul und die P-Grenze.

Geglühtes Material.

Anders verhält es sich mit dem E-Modul und der P-Grenze. Diese Werte zeigen unter dem Einflusse der Zeit ein verschiedenes Verhalten für die geglühten und gezogenen Drähte. Der Walzdraht hat sich hinsichtlich seines E-Moduls nur wenig und in seiner P-Grenze überhaupt nicht geändert. Wie früher festgestellt wurde, zeigte auch das spezifische Gewicht dieser Drahtsorte nur eine ganz geringe Aenderung mit der Zeit. Zu dem gleichen Ergebnisse kam auch Bauschinger, welcher fand, daß die Zeit im allgemeinen keinen Einfluß auf die durch Erwärmung wieder auf die ursprünglichen Werte zurückgeführten Größen des E-Moduls und der P-Grenze hat. Fand ausnahmsweise doch ein solcher statt, so war er nur gering und erklärte sich aus der Einwirkung der Vorbehandlung, die sich über die Erwärmung hinaus bemerkbar machen kann.

Gezogenes Material.

Ein anderes Verhalten zeigten die gezogenen Proben 2 und 3 der Versuchsreihe. Der E-Modul änderte sich bei diesen Proben beträchtlich. So ist der E-Modul der zweiten Probe von 20410 kg/qmm auf 20700 kg/qmm, also um rd. 1,4 vH gestiegen. Dieser Betrag liegt außerhalb der Fehlergrenzen, und es ist hier ein Ansteigen des E-Moduls nach Verlauf der 6 Monate festzustellen.

Das gleiche gilt für Probe 3, bei welcher eine Erhöhung des *E*-Moduls um rd. 1,3 vH eingetreten ist. Dieses Ergebnis führt zu der Vermutung, daß der *E*-Modul der gezogenen Drähte unmittelbar nach dem Zug erniedrigt, durch die Zeit langsam im Steigen begriffen ist. Eine Stütze für diese Annahme finden wir in der Veränderung der *P*-Grenzen der Proben 2 und 3 durch die Zeit.

Bei Probe 2 ist während der 6 Monate die *P*-Grenze von 36,0 auf 41,4 kg/qmm, also um etwa 14 vH gestiegen. Aehnliches gilt für die Drahtprobe 3. Hier hat unter dem Einflusse der Zeit eine Erhöhung der *P*-Grenze von 44,7 auf 51,8 kg/qmm, d. i. um rd. 16 vH stattgefunden. Es scheint also in der Tat die *P*-Grenze eines gezogenen Drahtes unter der Wirkung der Zeit im Steigen begriffen[1]). Ein gezogener Draht gleicht darin völlig einem im Zugversuche über die Fließgrenze belasteten Probestabe. Ueberhaupt zeigen gezogene Drähte hinsichtlich ihres elastischen Verhaltens ganz ähnliche Erscheinungen wie im Zugversuche gestreckte Probestäbe. Am deutlichsten erhellt dies aus einem Vergleich vorliegender Ergebnisse mit denen der bekannten Versuche Bauschingers[2]) über die Veränderung der *E*-Grenze und des *E*-Moduls verschiedener Metalle.

Analogie mit Versuchsergebnissen Bauschingers.

So fand Bauschinger durch umfangreiche Versuche an Stahl- und Flußeisenstäben, daß die *P*-Grenze und der *E*-Modul für einen und denselben Versuchsstab sehr verschiedene Werte annehmen können. Je nach der Streckung, welcher der Stab vor dem Versuch ausgesetzt worden war, und dem Zeitraum, der zwischen dieser und dem Bestimmungsversuch lag, ergaben sich völlig andere Werte für den *E*-Modul und die *P*-Grenze.

Bei einem Flußeisenstab, welcher über die Streckgrenze hinaus belastet worden war, zeigte sich nach 10 Minuten die *P*-Grenze bis auf null und der *E*-Modul bedeutend erniedrigt. Nach 3 Tagen der Ruhe war die *P*-Grenze bereits über die ursprüngliche *P*-Grenze hinaus gestiegen, während der *E*-Modul noch erniedrigt war. Der *E*-Modul war zwar durch die Ruhe auch gestiegen, aber sehr wenig. Nach 3 Jahren der Ruhe war die *P*-Grenze noch höher gestiegen und auch der *E*-Modul über seinen ursprünglichen Wert gewachsen.

Durch Beanspruchung des Materials über die Streckgrenze wird demnach die *P*-Grenze und der *E*-Modul zunächst erniedrigt; mit der Zeit aber steigen beide Werte wieder an, und zwar höher, als sie ursprünglich waren. Dieses Ansteigen erfolgt bei der *P*-Grenze in wenigen Tagen, bei dem *E*-Modul in Jahren.

Ein ähnliches Verhalten zeigen gezogene Drähte. Auch beim Ziehen tritt eine Beanspruchung des Materials bis über die Fließgrenze ein. Von diesem Gesichtspunkte ausgehend, kommt man hinsichtlich der Veränderung des *E*-Moduls und der *P*- und *E*-Grenze schließlich zu folgender Annahme:

Die gezogenen Proben.

Der durch den ersten Zug erniedrigte *E*-Modul der Drahtproben 2 und 5 hatte vermutlich unmittelbar nach dem Zug einen noch niedrigeren Wert, ist aber mit der Zeit wieder bis zu dem gefundenen Werte angestiegen. Aehnliches gilt für die *P*-Grenzen der Proben 2 und 5, die sich bedeutend höher als

[1]) Als sichere Schlußfolgerung soll dieser Satz hier nicht aufgestellt werden, weil die Ergebnisse nur auf 2 Versuche gegründet sind, und die *P*-Grenze und der *E*-Modul eines und desselben Stoffes, wie Bauschinger gezeigt hat, an und für sich große Veränderlichkeit zeigen.

[2]) Siehe Civil-Ing. 1881 S. 289 und Mitteil. d. Laborat. München Heft 13.

die ursprüngliche P-Grenze des geglühten Materials zeigen; auch diese werden unmittelbar nach dem Ziehen fast bis auf null erniedrigt worden sein. Wie die Versuche Bauschingers bewiesen haben, steigt eine auf diese Weise künstlich erniedrigte P-Grenze in einigen Tagen bereits über den ursprünglichen Wert hinaus. Man findet daher eine höhere P-Grenze als bei dem geglühten Material.

Weniger augenscheinlich ist die Uebereinstimmung vorliegender Ergebnisse mit denen Bauschingers bei Probe 3, 6 und 9. In diesen Fällen findet im Vergleich zu den vorhergehenden Proben 2 und 5 zwar auch eine weitere Erhöhung der P-Grenzen statt, im Gegensatz zu den früheren Ergebnissen aber eine Erhöhung des E-Moduls. Diese ist allerdings nur gering, und der absolute Wert des E-Moduls bleibt in sämtlichen Fällen unter dem ursprünglichen Werte des geglühten Materials. Auch braucht man darin nicht gerade einen Widerspruch mit den Bauschingerschen Versuchsergebnissen zu sehen, denn der E-Modul der Proben 3 und 6 kann durch den Zug eine weitere Abnahme seines Wertes erfahren haben, ist aber während der Zeit der Ruhe wieder angestiegen. Daß der absolute Wert des E-Moduls größer ist, als bei den vorhergehenden Proben, erklärt sich wohl daraus, daß die Geschwindigkeit des Ansteigens in der Zeit der Ruhe je nach dem Zustande des Stoffes verschieden ist. Die Ergebnisse deuten darauf hin, daß diese Geschwindigkeit um so größer ist, je größer die Beanspruchung des Stoffes bei der Kaltbearbeitung gewesen ist. Auf diese Weise fände auch die Erhöhung des E-Moduls durch den 2. Zug ihre Erklärung.

Die geglühten Proben.

Das Ausglühen und langsame Abkühlen führt die durch mechanische Bearbeitung in ihren Eigenschaften künstlich veränderten Drähte wieder annähernd in ihren ursprünglichen Zustand zurück. Demgemäß fand sich bei sämtlichen Drähten, ausgenommen Probe 9, als Folge des Glühens eine Erniedrigung der P-Grenze und eine Erhöhung des E-Moduls annähernd bis auf die ursprünglichen Werte des geglühten Walzdrahtes. Entsprechend diesem Verhalten fand Bauschinger bei mehreren nach Streckung in Ruhe liegenden Stäben als Folge der Erwärmung und langsamen Abkühlung ein Fallen der durch Streckung erniedrigten, durch die Zeit aber über den ursprünglichen Wert erhöhten P-Grenze und eine Erhöhung des E-Moduls. In einigen anderen Fällen fand Bauschinger durch die gleiche Behandlung eine Erhöhung der P-Grenze und eine Abnahme des E-Moduls. Es ist dies eine ähnliche Erscheinung, wie sie bei Probe 9 festgestellt wurde, welche durch das Ausglühen auch eine höhere P-Grenze erhält. Es kommt eben darauf an, in welcher Weise die P-Grenze oder der E-Modul durch die mechanische Bearbeitung künstlich verändert worden ist. Das Ausglühen führt den ursprünglichen Zustand des Materials wieder herbei und bewirkt daher eine Erhöhung oder eine Erniedrigung der P-Grenze bezw. des E-Moduls, je nachdem diese Werte vorher künstlich erniedrigt oder erhöht waren.

Probe 8.

Zur völligen Uebereinstimmung fehlt nur noch ein Analogon für das merkwürdige Verhalten der Drahtprobe 8. Diese Probe zeigte als Folge des Ziehens bei einer bedeutenden Abnahme des E-Moduls ein fast völliges Verschwinden der Proportionalitätsgrenze. Wie bereits hervorgehoben wurde, handelt es sich hier um einen Ausnahmefall, der nicht recht erklärlich ist.

Scheidet man diese Drahtsorte aus, so kommt man in der Tat zu der Annahme, daß gezogene Drähte hinsichtlich ihres E-Moduls und der

P-Grenze unter dem Einfluß der Zeit im allgemeinen das gleiche Verhalten zeigen wie Versuchstäbe, die über die Streckgrenze belastet worden sind.

VIII.

Veränderungen der Zugfestigkeit und Bruchdehnung.

Um zunächst einen Anhaltpunkt für die Veränderung der Festigkeitseigenschaften der Drähte zu erhalten, wurden die Stahldrähte 1 bis 10 einer Hin- und Her-Biegeprobe unterworfen. Zu dem Zwecke wurden die Drähte in dem bereits beschriebenen Biege-Apparate zwischen zwei Klemmfutter gespannt und mittels eines Hebels um die nach einem bestimmten Krümmungshalbmesser abgerundeten Einspannbacken abwechselnd nach der einen und der anderen Richtung gebogen. Dabei ging der Draht lose durch ein am Hebel befestigtes Führungsstück hindurch. Eine Biegung um 90° galt als volle Biegung. Um unmittelbare Vergleichswerte für verschieden starke Drähte zu erhalten, wurde das Verhältnis der Hebellänge zur Drahtdicke unverändert gehalten.

Zahlentafel 6.

Biegezahlen der Stahldrähte 1 bis 10.

Nummer der Drahtsorte	Drahtdurchmesser D mm	Zustand des Drahtes	Biegezahl B	mittlere Biegezahl B_m
1	5,378	Walzdraht geglüht	7, 7, 7, 7, 7	7,0
2	4,078	gezogen	5, 5, 5, 5, 5	5,0
3	3,291	»	5, 5, 5, 5, 5	5,0
4	3,327	geglüht	8, 7, 8, 8, 8	7,8
5	2,729	gezogen	5, 7, 5, 5, 5	5,4
6	2,186	»	9, 7, 7, 7, 7	7,4
7	2,188	geglüht	23, 19, 19, 19, 19	19,8
8	1,754	gezogen	13, 15, 13, 13, 13	13,4
9	1,421	»	23, 23, 23, 23, 25	23,4
10	1,439	geglüht	39, 39, 35, 39, 39	38,2

In der Zahlentafel 6 sind die erhaltenen Biegezahlen zusammengestellt, und zwar stellt jede Biegezahl den Mittelwert aus 5 Versuchen dar. Die Umbiegung geschah immer mit der gleichen Geschwindigkeit, und die Dauer einer Doppelbiegung (= 180°) betrug etwa 1 Sekunde.

Vergleicht man die einzelnen Werte, so findet man, daß der Walzdraht und die geglühten Drähte eine größere Biegezahl aufweisen als die gezogenen. Der Grund liegt offenbar in der großen Verminderung der Bruchdehnung durch das Ziehen, denn die Festigkeit der Drähte hat durch das Ziehen ja gerade eine Zunahme erfahren. Die Biegeprobe gibt demnach eher Aufschluß über die Zähigkeit des Materials als über seine Festigkeit. Die großen Biegezahlen, welche sich für die dünnen Drähte ergaben, zeigen übrigens, daß die Biegeprobe selbst bei Einhaltung eines unveränderlichen Verhältnisses der Hebellängen zum Drahtdurchmesser nicht einwandfreie, ohne weiteres vergleichbare Werte liefert.

Zur eingehenden Prüfung ist es stets erforderlich, die Drähte einem Zerreißversuche zu unterziehen. Es wurden daher mit sämtlichen vorliegenden

29 Drahtsorten Zerreißversuche angestellt. Dabei wurden für die Sorten 1 bis 10 zunächst die Proben, welche zu Feinmeßversuchen gedient hatten, auf der bereits beschriebenen Amsler-Laffon-Maschine zerrissen und die Bruchspannung σ_B, die Zerreißspannung σ_Z, die Bruchdehnung δ und die Querzusammenziehung q festgestellt.

Die Belastung während des Zerreißversuchs wurde bei sämtlichen Versuchen mit der gleichen Geschwindigkeit bis zur Erreichung der Bruchspannung gesteigert, vom Beginn der Einschnürung ab aber entsprechend der Verminderung des Drahtquerschnittes durch Regulieren des Oelzu- bezw. -abflusses der Tragfähigkeit des Stabes angepaßt, bis schließlich der Bruch erfolgte. Dies geschah in der Hauptsache deshalb, um richtige Werte für die Zerreißspannung σ_Z zu erhalten. Unter Zerreißspannung σ_Z werde hier das Verhältnis der Belastung, bei welcher der Bruch erfolgt, zum Bruchquerschnitt verstanden. Sie wird wesentlich von der Belastungsgeschwindigkeit beeinflußt und daher am geeignetsten auf einer Maschine ermittelt, welche die Belastung selbsttätig mit einer vorgeschriebenen Geschwindigkeit steigert. Gleichwohl lassen sich auch auf einer gewöhnlichen Zerreißmaschine, sobald nur die Belastung hydraulisch erfolgt, bei großer Sorgfalt annähernd richtige Werte für die Zerreißspannung ermitteln. Dies gilt vor allem, wenn es sich um Stahl handelt, bei dem der Einfluß der Streckgeschwindigkeit auf die Zerreißspannung sehr gering ist. Im vorliegenden Falle wurde zur Kontrolle der Belastungsgeschwindigkeit eine elektrische Sekundenuhr verwendet, was natürlich eine sehr langsame Belastung voraussetzt. Eine sehr langsame Belastungssteigerung ist übrigens auch erforderlich, um den Einfluß von Massenwirkungen auf die Belastungsanzeige auszuschließen.

Die Gebrauchslänge, d. i. die freie Länge des Versuchsdrahtes zwischen den Einspannbacken, wurde für die verschiedenen Drahtstärken unter Voraussetzung der Gültigkeit des Aehnlichkeitsgesetzes so gewählt, daß das Verhältnis dieser Länge zum Drahtdurchmesser für eine Versuchsreihe unverändert war.

Das gleiche gilt für die Meßlängen, welche durch zwei kleine, scharfe Körner begrenzt wurden. So betrug das Verhältnis n der Meßlänge zum Durchmesser 75 für die Proben 1 bis 12, für die Proben 13 bis 20 war $n = 300$ und 750 für die Proben 21 bis 29. Um genau messen zu können, wurde mittels eines Stangenzirkels von dem einen Körner aus durch einen haarfeinen Strich die genaue Meßlänge auf dem Draht angezeichnet. Um die Bruchdehnung auch an Versuchsdrähten, die nicht in der Mitte rissen, möglichst einwandfrei festzustellen und zugleich einen Aufschluß über die Verteilung der Dehnung über die Drahtlänge zu gewinnen, wurde die Meßlänge mit einer Teilung versehen. Nach dem Bruch wurden dann beide Einspannköpfe samt den Drahtstücken herausgenommen und so aufgestellt, daß die Drahthälften sich an der Bruchstelle genau ineinander fügten. Auf diese Weise ließ sich die Entfernung der Strichmarken bequem und genügend genau mit dem Zirkel abgreifen und auf einem Glasmaßstab messen. Die Querzusammenziehung nach dem Bruche wurde durch Bestimmung des mittleren Durchmessers der Einschnürungsstelle durch 4 Messungen auf dem Zeißkomparator für jeden Versuchsdraht festgestellt.

Außer den für die Feinmessungen schon benutzten Proben wurden nun von jeder Drahtsorte ungefähr 6 Drähte, die noch nicht belastet worden waren, zerrissen unter gleichzeitiger Aufnahme eines Diagrammes durch den selbstzeichnenden Diagrammapparat der Maschine. Die Genauigkeit eines solchen Registrierapparates ist naturgemäß nicht groß, doch lassen sich bei sorgfältiger

Beobachtung des Apparates und gutem Oelen der Rollenlager immerhin annähernd richtige Diagramme erzielen.

Wie aus Abbildung 14 ersichtlich, wurde die Verlängerung des Versuchsdrahtes durch Uebertragung der Bewegung des oberen Einspannkopfes auf die Trommel aufgezeichnet. Es wurde mithin die Verlängerung der Gebrauchslänge des Drahtes gemessen.

Als Gebrauchslänge wurde die Entfernung der beiden letzten inneren Zähne der Beißkeile betrachtet. An den Spuren der Zahnbisse ließ sich nach dem Versuch leicht feststellen, ob der Eingriff auch bis zum letzten Zahn stattgefunden hatte. Zur Nachprüfung des Diagrammes und Bestimmung seines Maßstabes wurden übrigens während des Versuches für etwa 6 verschiedene Belastungen die Verlängerungen unmittelbar mit einem Stangenzirkel zwischen zwei Marken gemessen und die entsprechenden Belastungspunkte im Diagramm vermerkt. Wurde der Diagrammversuch durch eine Entlastung unterbrochen, so wurde stets darauf geachtet, daß die Neubelastungslinie durch den Entlastungspunkt der Diagrammkurve ging. Hierdurch war die Gewähr gegeben, daß die Belastung stets mit der gleichen Geschwindigkeit stattfand [1]).

In Zahlentafel 7 sind nun die Ergebnisse der Zerreißversuche der Drahtsorten 1 bis 10 zusammengestellt. Den berechneten Werten sind als Querschnittgrößen die aus dem spezifischen Gewicht berechneten mittleren Querschnitte zugrunde gelegt, die auch bei der Berechnung des E-Moduls, der P- und E-Grenze benutzt wurden.

Die Gesamtzahl der von jeder Drahtsorte zerrissenen Stäbe beträgt im Mittel 16, davon wurden je 6 Drähte unter gleichzeitiger Diagrammaufnahme

[1]) Vergleiche H. Fischer, Deutung von Festigkeitsdiagrammen. Dinglers polytechnisches Journal. J. 1884 Bd. 251.

Zahlen-

Zusammenstellung der Ergebnisse der Zerreiß-

Nummer der Drahtsorte	Drahtdurchmesser D mm	Zustand des Drahtes	Anzahl der Versuche	Querschnitt zu Beginn der Einschnürung F_e qmm	Spannung σ_S, σ_e an d. Streckgrenze kg/qmm	mittlere Abweichung $\Delta\sigma$	Bruchspannung σ_B kg/qmm	mittlere Abweichung $\Delta\sigma$	Zerreißspannung σ_z kg/qmm	mittlere Abweichung $\Delta\sigma$	Bruchdehnung ε_B
1	5,378	Walzdraht geglüht	18	20,740	50,4	0,3	71,8 78,6	0,3	59,8 145,5	0,9	0,152
2	4,078	gezogen	16	13,062	107,8	0,3	107,8	0,3	92,2 151,0	0,8	0,018
3	3,291	»	17	8,507	121,9	0,4	121,9	0,4	112,2 157,6	0,4	0,016
4	3,327	geglüht	16	7,975	85,1	0,5	89,0 97,0	0,5	78,0 154,5	0,3	0,101
5	2,729	gezogen	16	5,851	112,6	0,9	112,6	0,9	101,6 159,0	1,2	0,022
6	2,186	»	18	3,754	123,5	1,5	123,5	1,5	111,0 158,8	2,4	0,020
7	2,188	geglüht	16	3,487	61,7	1,2	67,5 72,8	1,0	60,5 159,2	1,1	0,137
8	1,754	gezogen	18	2,417	94,5	0,7	94,5	0,7	82,0 157,4	2,1	0,014
9	1,421	»	17	1,587	109,2	1,0	109,2	1,0	107,9 159,4	0,6	0,011
10	1,439	geglüht	16	1,512	67,8	2,1	70,6 76,0	1,8	—	1,7	0,128

zerrissen. Die Spannungen, Dehnungen und die daraus abgeleiteten Werte, wie die Zähigkeit, sowie die Querzusammenziehung bilden demnach den Mittelwert aus je 16 Zerreißversuchen. Die aus dem Diagramm entnommenen Werte wie die gesamte Zerreißarbeit und die daraus abgeleiteten Größen, wie der Völligkeitsgrad usw. stellen das Mittel aus je 6 Versuchen dar. Um ein Bild für die Verschiedenheit der Einzelwerte zu geben, ist auch hier neben dem Mittelwert die mittlere Abweichung der Einzelwerte vom Mittel vermerkt.

Die Streckgrenze beziehentlich Einschnürgrenze.

Die 6. Spalte der Zahlentafel enthält die mittleren Spannungen σ_S an der Streck- oder Fließgrenze des Materials. Bei den gezogenen Drähten ist an Stelle der Fließspannung, welche nicht zu beobachten war, die Einschnürungsspannung d. i. diejenige Spannung, bei der die Einschnürung beginnt, vermerkt; an Stelle der Fließgrenze ist die Einschnürungsgrenze getreten. Die Querschnitte F_e, welche die Stäbe bei Beginn des Einschnürens besitzen, können bei den gezogenen Drähten mit genügender Annäherung ihren Anfangsquerschnitten gleichgesetzt werden. Die Spannung an der Einschnürgrenze fällt zusammen mit der Spannung bei Höchstlast. In der graphischen Darstellung der Ergebnisse in Fig. 19 ist demgemäß die Spannung an der Streckgrenze der geglühten Proben mit der Spannung an der Einschnürgrenze der gezogenen Drähte durch einen Linienzug verbunden.

Der Walzdraht. Den niedrigsten Wert der Fließspannung besitzt der Walzdraht mit 50,4 kg/qmm bei einer mittleren Abweichung $\Delta\sigma = 0{,}3$ kg/qmm der Einzelwerte vom Mittel. Das entsprechende Diagramm 1 zeigt, wie aus der Zusammenstellung in Figur 27 ersichtlich ist, einen völlig parallelen Verlauf der Diagrammkurve zur Dehnungsachse während des Fließens.

tafel 7.

versuche für die Stahlproben 1 bis 10.

δ_{75} vH $= 100\,\varepsilon_B$	mittlere Abweichung $\Delta\delta$	Bruchquerschnitt F_B qmm	mittlere Abweichung ΔF	Querschnittverminderung $\varphi = \frac{F_B}{F}$	$q = 100(1-\varphi)$ vH	örtl. Dehnung $\varepsilon q = \frac{100}{100-q} - 1$	Zähigkeit $Z_{75} = \frac{\sigma_B}{\sigma_S}\varepsilon_B$	Zerreißarbeit A bis zum Bruch $\frac{\text{cmkg}}{\text{ccm}}$	Zerreißquotient η	Art der Bruchfläche
15,2	0,2	9,341	0,061	0,411 0,450	58,9 55,0	1,433 1,222	0,216	983	0,888	Trichterbildung mit ebenem Grunde.
1,8	0,2	7,965	0,092	0,610	39,0	0,640	0,018	177	0,684	Wie bei 1, Trichterrand aber scharf abgegrenzt.
1,6	0,1	6,054	0,080	0,712	28,8	0,404	0,016	233	0,758	wie bei 2
10,1	0,5	4,491	0,053	0,505 0,563	49,5 43,7	0,980 0,776	0,106	876	0,950	wie bei 1
2,2	0,4	3,739	0,041	0,639	36,1	0,566	0,022	245	0,754	wie bei 2
2,0	0,3	2,624	0,030	0,699	30,1	0,431	0,020	254	0,775	wie bei 2
13,7	0,9	1,429	0,033	0,380 0,410	62,0 59,0	1,632 1,439	0,150	910	0,950	wie bei 1
1,4	0,2	1,259	0,032	0,521	47,9	0,920	0,014	126	0,789	wie bei 2
1,1	0,4	1,074	0,021	0,677	32,3	0,477	0,011	140	0,791	wie bei 2
12,8	0,7	0,610	0,010	0,375 0,405	62,5 52,5	1,668 1,470	0,133	896	0,951	wie bei 1

Nach dem ersten Zug. Im Gegensatz hierzu zeigt sich bei Probe 2, also nach dem ersten Zug, überhaupt keine Streckgrenze mehr, sie fällt vielmehr zusammen mit der Einschnürgrenze und der Spannung σ_B bei Höchstlast, der sogen. Bruchspannung. Diese beträgt für Probe 2 im Mittel 107,8 kg/qmm bei einer Abweichung $\Delta\sigma = 0{,}3$ kg/qmm. Da hinsichtlich des Einflusses der Kaltbearbeitung die Einschnürgrenze der gezogenen Drähte ohne Bedenken mit der Streckgrenze des geglühten Walzdrahtes verglichen werden kann, ist demnach als Folge des Ziehens eine Erhöhung der Spannung σ_S von 50,4 auf 107,8 kg/qmm festzustellen. Die Spannung wächst also über das Doppelte ihres Betrages.

Nach dem zweiten Zug. Aehnlich findet sich bei Probe 3, also nach dem 2. Zug, eine weitere Erhöhung der Einschnürgenze auf 121,9 kg/qmm, also noch um etwa 13 vH. Auch bei dieser Probe ist an Stelle der Streckgrenze die Einschnürgrenze getreten.

In gleicher Weise wie die ersten beiden gezogenen Proben zeigen auch die Drahtsorten 5 und 6 sowie 8 und 9 ein völliges Verschwinden der Streckgrenze und eine Erhöhung der Einschnürgrenze.

Dieses Ergebnis steht in vollem Einklang mit den Ergebnissen einer aus der neuesten Zeit stammenden Untersuchung von R. Stribeck[1]), der ähnliche Erscheinungen für Kupfer- und Messingdrähte feststellt. Er fand, daß bei diesen Stoffen durch Ziehen zunächst eine Erhöhung der Streckgrenze eintritt; sobald aber der Querschnitt der gezogenen Drähte dem Querschnitt, welchen die geglühte Probe, aus dem die Drähte gezogen sind, im Zerreißversuche zu Beginn der Einschnürung zeigt, gleicht oder ihn unterschreitet, verschwindet die Streckgrenze, und an ihre Stelle tritt die Einschnürgrenze. Stribeck unterscheidet beim Zugversuch streng zwischen dem Streckgebiet und dem Einschnürgebiet und trennt die Bruchdehnung in eine gleichmäßige bis zum Beginn der Einschnürung und eine örtliche, die während der Einschnürung auftritt. Er folgt damit dem Beispiel von Considère, welcher in Frankreich dieselbe Auffassung vertrat.

In vorliegendem Falle bildet der geglühte Walzdraht den Ausgangsgrundstoff für die gezogenen Drähte. Die sogen. gleichmäßige Dehnung ergab sich für diesen im Mittel zu 9,5 vH und ließ sich am geeignetsten an den Drähten feststellen, welche außerhalb der Meßlänge gerissen waren, denn bei diesen stand die gesamte Teilung der Meßlänge zur Ermittlung der gleichmäßigen Dehnung zur Verfügung. Dabei wurde, um infolge etwa auftretender Nebeneinschnürungen die Dehnung nicht zu groß zu erhalten, das Mittel aus den relativ kleinsten Dehnungen gebildet. Aus diesem Mittel berechnet sich der Querschnitt zu Beginn der Einschnürung für den Walzdraht zu $F_e = 20{,}740$ qmm, entsprechend einem Drahtdurchmesser $D_e = 5{,}14$ mm. Im Vergleich zu diesem Durchmesser ist bereits der Durchmesser der zweiten Probe bedeutend kleiner. Bei Drahtsorte 2 kann demnach beim Zerreißversuch überhaupt keine gleichmäßige Dehnung, sondern nur noch örtliche auftreten. Das gleiche gilt für die Proben 5, 6, 8 und 9 sowie für sämtliche gezogenen Proben der 29 Stahldrahtsorten umfassenden Versuchsreihe.

In der Tat zeigten auch die gezogenen Drähte nach dem Bruche noch ungelängte Teile, entsprechend einer gleichmäßigen Dehnung gleich null, und ein völliges Verschwinden der Streckgrenze.

---

[1]) R. Stribeck, Zeitschrift des Vereines deutscher Ingenieure 1909.

Nach dem Ausglühen. Erst nach dem Ausglühen zeigen die gezogenen Drähte wieder eine gleichmäßige Dehnung und eine deutliche Streckgrenze. So sinkt bei Probe 3 die Spannung an der Einschnürgrenze von 121,9 kg/qmm durch das Ausglühen herab auf die Streckspannung $\sigma_S = 85{,}1$ kg/qmm der Probe 4. Dabei beträgt die mittlere Abweichung der Einzelwerte vom Mittel $\Delta\sigma = 0{,}4$ kg/qmm.

Dem absoluten Betrage nach liegen die Streckgrenzen der gezogenen und dann ausgeglühten Proben aber im Mittel noch um etwa 30 vH höher als die ursprüngliche Streckgrenze des Walzdrahtes.

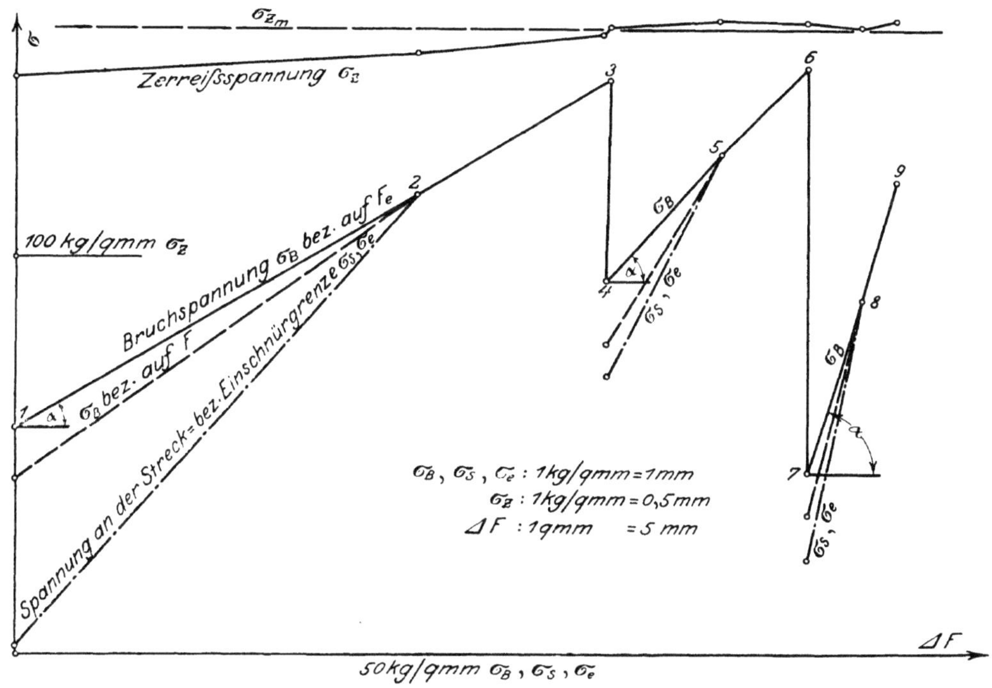

Fig. 19. Drahtsorten 1 bis 9. Veränderung der Bruchspannung σ_B und der Spannungen σ_Z und σ_S bezw. σ_e von Stahl durch Ziehen und Glühen.

Diese Erscheinung stimmt auch mit den Ergebnissen der schon mehrfach angezogenen Versuche Bauschingers überein. Auch er fand zunächst eine Erhöhung der Streckgrenze bei Stäben, die über die Streckgrenze des Stoffes hinaus belastet worden waren. Nach dem Glühen zeigte sich eine Erniedrigung der künstlich gehobenen Streckgrenze, aber nur eine geringe, so daß der ursprüngliche Wert nicht wieder erreicht wurde. An der Lage der Streckgrenze kann man daher geglühtes Material hinsichtlich seiner Vorbehandlung unterscheiden. Eine ungewöhnlich hohe Streckgrenze deutet gewöhnlich auf eine vor dem Ausglühen stattgefundene Kaltbearbeitung hin.

Die Zugfestigkeit. In der Spalte 8 der Zahlentafel sind die mittleren Bruchspannungen σ_B für die verschiedenen Drahtproben zusammengestellt und daneben die mittlere Abweichung der Einzelwerte vom Mittel vermerkt. Für die geglühten Proben sind stets 2 Werte eingetragen, und zwar ist der obere, kleinere Spannungswert, wie allgemein üblich, auf den ursprünglichen Querschnitt der Drähte bezogen, der untere, größere Wert aber auf den Querschnitt F_e, welchen die Probe tatsächlich während der Höchstbelastung, also zum Beginn der Einschnürung besitzt. Der Querschnitt F_e wurde aus der gleichmäßigen Dehnung berechnet.

Für die gezogenen Drähte fällt dieser Unterschied, da hier Einschnür- und Anfangsquerschnitt annähernd gleich sind.

Aus den Werten der Einschnürquerschnitte geht hervor, daß für sämtliche geglühten Proben das Verhältnis des Einschnürquerschnittes zum Anfangsquerschnitt ungefähr gleich ist. Es beträgt für die geglühten Proben im Mittel 0,921 und schwankt zwischen 0,913 und 0,928. Die Ursache dieser Schwankungen ist offenbar in der bei der Herstellung auftretenden Verschiedenheit der Stärke der Glühhitze zu suchen.

Vergleicht man die Zugfestigkeit der einzelnen Proben, so findet man eine Erhöhung der Festigkeit durch das Ziehen, gleichviel ob der ursprüngliche oder der Einschnürquerschnitt der Spannungsberechnung zugrunde gelegt wird.

Die Bruchspannung σ_B beträgt für den Walzdraht 71,8 kg/qmm bei einer mittleren Abweichung von 0,3 kg/qmm; die gleiche Spannung auf den Einschnürquerschnitt bezogen dagegen $\sigma = 78{,}6$ kg/qmm. Im Vergleich zur letzteren zeigt Probe 2 bei einer Querschnittverminderung durch das Ziehen um etwa 42 vH eine Zunahme dieser Spannung um etwa 37 vH des ursprünglichen Wertes. Diese steigt von 78,6 auf 107,8 kg/qmm bei einer mittleren Abweichung von 0,3 kg/qmm. Ebenso zeigt Probe 3 ein weiteres Anwachsen der Zugfestigkeit. Diese ist entsprechend einer weiteren Querschnittabnahme durch den zweiten Zug um etwa 35 vH von 107,8 auf 121,9 kg/qmm gestiegen. Als Folge des Ziehens ist also eine Erhöhung der Festigkeit des Materials festzustellen.

Bereits in den erwähnten Arbeiten von Lagerhjelm und Brix findet man den empirischen Nachweis dieser Erscheinung. Lagerhjelm zog verschiedene Eisensorten zu Draht und bestimmte ihre absolute Stärke in den einzelnen Ziehphasen, d. h. ihre Zerreißfestigkeit bezogen auf den Anfangsquerschnitt. Er fand eine Erhöhung der Zerreißfestigkeit, konnte jedoch keine besondere Gesetzmäßigkeit aufstellen. Aehnliche Ergebnisse findet man in den Arbeiten von Souflot und Rondelet, welche Versuche mit Eisendrähten durchführten.

Auch in der früher angezogenen Abhandlung von A. Brix ist die Erhöhung der Festigkeit als Folge der Kaltbearbeitung nachgewiesen. Den Grund hierzu sieht Brix in einer Vergrößerung der Kohäsion infolge der veränderten Anordnung der Teile durch das Ziehen. Er spricht von einer »Epidermis«, welche sich auf der Oberfläche des Drahtes bildet und dichter und fester als das Innere ist. Da diese nun bei dünnem Drahte verhältnismäßig mehr vom Querschnitt ausmacht, als bei stärkerem, gewinnt der Draht destomehr an Festigkeit, je feiner sein Kaliber ist. Diese Wahrnehmung wurde übrigens schon im Jahre 1824 von den Mitgliedern der französischen Akademie, Fresnel, Molard und Girard gemacht und in ähnlicher Weise erklärt[1]). Auch Grashof führt die Vergrößerung der Zugfestigkeit auf eine durch das Ziehen bewirkte Verdichtung der Oberflächenschichten zurück.

Daß die Festigkeit hartgezogener Drähte im Innern geringer ist, folgerte Behrens aus mikroskopischen Untersuchungen. Die Drähte zeigten im Innern ein bedeutend gröberes Korn als am Rande. Die höhere Festigkeit gezogener Drähte erklärt Behrens aus einer ungleichen Verteilung der Streckung auf den Querschnitt. Wie erwähnt, zeigte auch der mikroskopische Befund vorliegender Stahldrähte ein ähnliches Ergebnis.

Was nun den Einfluß des Ausglühens auf die durch Kaltbearbeitung erhöhte Festigkeit anlangt, so ersieht man aus Zahlentafel 7 und 8, daß die Festigkeit in sämtlichen Fällen durch das Glühen wieder beträchtlich erniedrigt wird.

[1]) Siehe Moniteur 1824 No. 35.

So fällt durch das Glühen die Spannung σ_B der Probe 3 von 121,9 auf 89,0 bezw. 97,0 kg/qmm. Bei Probe 7 beträgt die Bruchspannung $\sigma_B = 72{,}8$ kg/qmm, entsprechend einer Festigkeitsabnahme des Drahtes 6 um etwa 41 vH, während die Drahtsorte 9 durch Ausglühen etwa 35 vH ihrer Festigkeit verliert. Der absolute Betrag der Spannungsabnahme durch das Glühen ist offenbar verschieden je nach der Festigkeitserhöhung, welche der Draht durch das Ziehen erfahren hat, nach der Intensität der Glühhitze und der Art der Abkühlung.

Aehnlich fand Brix, daß hartgezogener Eisendraht durch Ausglühen etwa 38 vH seiner Haltbarkeit verliert. Einen bedeutenderen Festigkeitsverlust stellt Dufour [1]) mit 51,3 vH und Seguin ainé [2]) mit 53 vH fest, desgl. auch Vicat [3]) und Baudrimont [4]). Letztere kommen überdies in Uebereinstimmung mit Brix zu dem Schluß, daß die dem Drahte nach dem Ausglühen verbliebene Festigkeit nicht für alle Drahtsorten gleich groß ausfällt, sondern mit der Dicke in wachsendem Verhältnis steht. Auch die neuere Forschung kommt zu ähnlichen Ergebnissen hinsichtlich der Festigkeitsänderungen durch Ziehen und Glühen.

So stellt Fischer in der bereits erwähnten Abhandlung eine Zunahme des Bruchmoduls und Tragmoduls als Folge des Ziehens fest. Für einen geglühten Phosphorbronzedraht fand er beispielsweise $\sigma_E = 12{,}7$ kg/qmm als Tragmodul und $\sigma_B = 33{,}0$ kg/qmm als Bruchmodul bei einer Reißlänge von 3,99 km, während für den gleichen Draht in hartgezogenem Zustande der Tragmodul 45 kg/qmm, der Bruchmodul 62,0 kg/qmm und die Reißlänge 6,99 km betrug. Wie bereits angedeutet, erklärt sich Fischer die Zunahme der Festigkeit beim Ziehen und ihre Abnahme beim Glühen durch eine im Körperinnern tätige Kraft, die innere Reibung. Einen Draht denkt er sich als ein aus parallelen Elementarfasern bestehendes Gespinst, dessen Fasern, selbst stark elastisch, in geglühtem Zustande schwach aneinandergedrückt, nur vermöge der inneren Reibung aneinander haften. Wird nun ein solcher geglühter Draht gezogen, so erfährt er eine Zusammenpressung, die Fasern werden stärker aneinandergedrückt, die innere Reibung wird größer und damit die Festigkeit des Gefüges. Wird dann ein solcher hartgezogener Draht ausgeglüht, so bewirkt die Erwärmung wieder eine Ausdehnung des Körpers, also eine gegenseitige Entfernung der Mittelpunkte der Körperelemente, was wieder eine Verminderung der Kohäsion und inneren Reibung zur Folge hat.

Wie am Schlusse des vorigen Kapitels dargelegt wurde, gehe auch ich bei der Erklärung der Aenderung der Elastizität des Materials durch Ziehen und Glühen von der Annahme der inneren Reibung aus. Nur denke ich mir die Veränderung der Elastizität nicht nur durch eine Aenderung der inneren Reibung, sondern vorwiegend durch eine Aenderung der Anordnung und durch eine Formänderung der Gefügebildner hervorgerufen. Veranlassung für diese Annahme waren die Ergebnisse der mikroskopischen Untersuchung. In gleicher Weise wie die Aenderung des elastischen Verhaltens erklärt sich nun auch die Aenderung der Festigkeit. Es wäre demnach hierüber weiter nichts hinzuzufügen. Nur einige ergänzende Bemerkungen bezüglich der Uebereinstimmung dieser Erklärung mit den über die Aenderung des spezifischen Gewichts bereits angestellten Erörterungen lassen sich noch anfügen.

---

[1]) S. Description du pont suspendu en fil de fer, construit à Genève. Paris 1824 S. 8 bis 24.

[2]) S. Des Ponts en fil de fer. Paris 1824 S. 83.

[3]) S. Annales de Ponts et Chaussées 1831 I S. 128.

[4]) S. Annales de chimie et de physique Bd. 60 1835 S. 96, 97.

Abgesehen von der 1. Ziehstufe wurde für sämtliche gezogenen Proben eine Abnahme des spezifischen Gewichts festgestellt. Dieser Abnahme würde eine Vergrößerung der Entfernung der Mittelpunkte der Körperelemente entsprechen, also eine Verringerung der Elastizität und Festigkeit. Dabei ist jedoch zu berücksichtigen, daß eine Auflockerung des molekularen Gefüges nur im Innern des Drahtes stattfindet, während die Außenhaut eine dichtere Struktur erhält. Den Beweis dafür erbrachten die mikroskopischen Aufnahmen. Es ist nun sehr wohl denkbar, daß das mittlere spezifische Gewicht, welches wir empirisch bestimmten, einen geringeren Wert annimmt, während die Verdichtung der Außenhaut eine sehr große Zunahme der inneren Reibung erzeugt, so daß die mittlere innere Reibung, also auch die Elastizität und Festigkeit größer wird. Die Beziehung, nach welcher das mittlere spezifische Gewicht des Drahtes durch Auflockerung des Kernes abnimmt, ist offenbar eine ganz andere, als die, nach welcher diese Eigenschaften durch die Verdichtung der Struktur der Außenhaut zunehmen. Anderseits bildet nach meiner Annahme vorwiegend die gleichzeitig bewirkte Aenderung in der Anordnung der Gefügebildner und ihre Formänderung die Ursache der Festigkeitsänderung des Materials.

Es sei bei dieser Gelegenheit noch die Arbeit von A. Schmitz[1]) erwähnt, welcher auch eine Erhöhung der Festigkeit bei Stahlstäben durch Kaltbearbeitung feststellt. Zur Erklärung der Erscheinung denkt sich Schmitz den Querschnitt eines hartgezogenen Drahtes aus 2 Teilen bestehend. Den einen Teil bildet der Ringquerschnitt der dichteren und festeren Außenhaut, den anderen der Kernquerschnitt. Das Material besitzt für jeden Querschnitt einen verschiedenen Elastizitätsmodul und verschiedene Festigkeit. Diese Auffassung trägt mithin dem tatsächlichen Verhalten gezogener Drähte und der Verdichtung der Randstruktur Rechnung, hat aber praktisch weiter keinen Wert, da der Ringquerschnitt nach innen nicht scharf begrenzt ist.

Eine für die Praxis bestimmte Formel zur Berechnung der Zugfestigkeit von Drähten hat Karmarsch aufgestellt. Er berechnet die Festigkeit f in kg eines Drahtes von d mm Durchmesser aus der Gleichung $f = \alpha d^2 + \beta d$. Hierin bedeuten α und β für jedes Material bestimmte Beiwerte, welche für den geglühten und hartgezogenen Zustand verschieden sind. Eine solche Formel hat aber offenbar nur dann Berechtigung, wenn die inneren und äußeren Materialschichten gleichen Elastizitätsmodul besitzen, was bei hartgezogenen Drähten nicht der Fall ist.

Eine bestimmte, gesetzmäßige Beziehung zwischen der Festigkeit geglühten Drahtes und der Festigkeit der daraus gezogenen Drähte ist meines Wissens bis jetzt noch nicht aufgestellt. Der Grund liegt wohl darin, daß eine bestimmte Gesetzmäßigkeit nur unter besonderen Bedingungen vorliegt. Zufällig wurden bei vorliegender Stahldrahtgruppe diese Bedingungen erfüllt, so daß es möglich wurde, diese Gesetzmäßigkeit zu erkennen.

Wie bereits festgestellt wurde, waren die Verdünnungen des Stahldrahtzuges so groß, daß die Querschnitte der gezogenen Drähte sämtlich kleiner waren als der Querschnitt, welchen der geglühte Walzdraht, aus dem sie gezogen waren, beim Zugversuch zu Beginn der Einschnürung zeigte. Vergleicht man nun die auf den Anfangsquerschnitt bezogenen Festigkeiten, so kann man keine besondere gesetzmäßige Beziehung zwischen den Einzelwerten feststellen. Verfolgt man dagegen den Linienzug der auf den Querschnitt zu Beginn der Einschnürung bezogenen Bruchspannungen σ_B, so erkennt man, daß

[1]) A. Schmitz, Untersuchungen über Zugfestigkeit, Dehnung und elastisches Verhalten von Eisen- und Stahlstäben. Breslau 1903.

die Werte für den geglühten Draht und die daraus gezogenen Proben auf einer so wenig gekrümmten Kurve liegen, daß man sie annähernd durch eine Gerade ersetzen kann. Wäre nun der Neigungswinkel der Geraden bekannt, so könnte man aus der Festigkeit des geglühten Drahtes ohne weiteres die Festigkeit eines daraus gezogenen Drahtes berechnen.

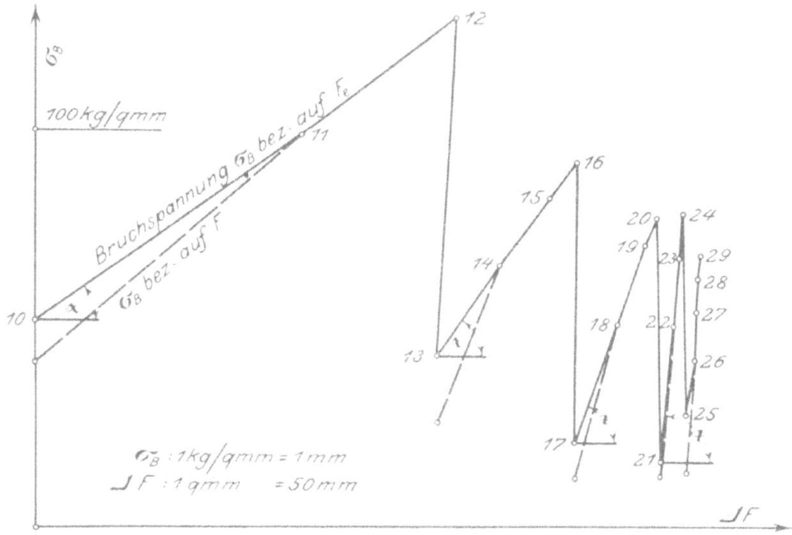

Fig. 20. Drahtsorten 10 bis 29. Veränderung der Bruchspannung σ_B von Stahl durch Ziehen und Glühen.

Wie aus der graphischen Darstellung der Werte in Fig. 19 und 20 hervorgeht, ändert der Neigungswinkel α der Geraden für die verschiedenen geglühten Proben seinen Wert, und zwar verläuft die Gerade um so steiler, je kleiner

Fig. 21.

der Durchmesser des geglühten Drahtes ist. Es entspricht dies übrigens völlig den bereits erwähnten Feststellungen von Prony, Fresnel und anderen.

Um die Abhängigkeit des Neigungswinkels der Geraden vom Durchmesser zu ermitteln, war es nötig, außer den bereits untersuchten 10 Proben auch die anderen 19 Stahldrahtproben auf ihre Festigkeit zu prüfen. Diese Festigkeitsversuche wurden mit Rücksicht auf die geringe Zerreißbelastung der dünnen Drähte auf der erwähnten Schopperschen Papierzerreißmaschine oder durch unmittelbare Gewichtbelastung ausgeführt.

So wurden die Proben 10 bis 20 entsprechend einer Zerreißbelastung von 120 bis 12 kg auf der Schopperschen Maschine zerrissen. Die Eichung dieser Maschine erfolgte durch Gewichtbelastung, und zwar geschah die Belastung bezw. Entlastung in der aus Fig. 21 ersichtlichen Weise. Die Belastung ergab sich aus der Anzeige des Neigungshebels, während die Dehnung unmittelbar durch Messung ermittelt wurde.

Die dünnsten Drähte, die Proben 21 bis 29, wurden durch Gewichtbelastung zerrissen. Zu dem Zwecke wurden sie an ihren Enden in zwei Einspannköpfen festgeklemmt, die mit je einem Haken versehen waren. Der obere Haken wurde an einem Festpunkte aufgehängt und der Draht durch Einhängen einer Blechschale in den unteren Haken gespannt. Diese Schale diente zur Aufnahme von Schrot, dessen Einlaufgeschwindigkeit mittels eines Michaelisschen Einlaufapparates geregelt wurde.

Festgestellt wurden durch den Versuch lediglich die Bruchspannungen,

Zahlentafel 8. Zusammenstellung der Ergebnisse der Zerreißversuche für die Proben 11 bis 29.

Nummer der Drahtsorte	Drahtdurchmesser D mm	Zustand des Drahtes	Anzahl der Versuche	Querschnitt zu Beginn der Einschnürung F bezw. F_e	Bruchspannung σ_B kg/qmm	mittlere Abweichung $\Delta\sigma$	Bruchdehnung ε_B	$\delta_n = 100\,\varepsilon_B$ vH	mittlere Abweichung $\Delta\delta$	Bruchquerschnitt F_B qmm	mittlere Abweichung ΔF	$\varphi = \frac{F_B}{F}$ Querschnittverminderung	$q = 100(1-\varphi)$ vH	Art der Bruchfläche
11	1,125	gezogen	21	0,990	99,5	1,2	0,012	1,2	0,1	0,508	0,011	0,513	48,7	Trichter mit ebenem Grunde.
12	0,891	»	24	0,623	114,0	0,9	0,009	0,9	0,1	0,368	0,009	0,591	40,9	
13	0,924	geglüht	20	F 0,671 F_e 0,589	62,8 71,6	0,6	0,187	18,7	0,5	0,193	0,003	0,287 0,328	71,3 67,2	
14	0,815	gezogen	20	0,521	83,1	0,5	0,020	2,0	0,1	0,196	0,006	0,376	62,4	
15	0,715	»	16	0,402	91,5	0,8	0,017	1,7	0,1	0,170	0,004	0,423	57,7	
16	0,658	»	10	0,340	95,8	0,8	0,013	1,3	0,1	0,145	0,006	0,427	57,3	
17	0,653	geglüht	17	0,335 0,313	56,0 60,5	0,9	0,141	14,1	0,7	0,080	0,003	0,239 0,256	76,1 74,4	
18	0,545	gezogen	12	0,233	75,5	0,3	0,020	2,0	0,1	0,075	0,004	0,322	67,8	
19	0,464	»	15	0,169	85,6	0,5	0,017	1,7	0,1	0,065	0,004	0,385	61,5	
20	0,421	»	12	0,139	88,8	0,4	0,009	0,9	0,1	0,053	0,003	0,382	61,8	
21	0,422	geglüht	18	0,140 0,136	56,3 58,0	0,4	0,055	5,5	0,6	—	—	—	—	
22	0,360	gezogen	20	0,102	75,2	0,8	0,033	3,3	0,3	—	—	—	—	
23	0,322	»	20	0,081	84,0	0,9	0,028	2,8	0,2	—	—	—	—	
24	0,297	»	24	0,070	89,7	1,0	0,005	0,5	0,1	—	—	—	—	
25	0,298	geglüht	16	0,070 0,062	56,6 63,9	0,2	0,178	17,8	1,8	—	—	—	—	
26	0,261	gezogen	18	0,053	70,8	1,2	0,019	1,9	0,2	—	—	—	—	
27	0,238	»	15	0,044	77,0	0,5	0,013	1,3	0,1	—	—	—	—	
28	0,216	»	15	0,037	81,2	1,0	0,009	0,9	0,2	—	—	—	—	
29	0,206	»	16	0,034	83,5	1,4	0,009	0,9	0,1	—	—	—	—	

$n = 75$ für Probe 11 und 12; $n = 300$ für 13 bis 20; $n = 750$ für Proben 21 bis 29.

die gleichmäßige und die örtliche Dehnung, für die Drähte 10 bis 20 außerdem die Querzusammenziehung.

Die Spannung im Augenblick des Bruches σ_z wurde nicht festgestellt. Der Grund liegt darin, daß die Zerreißversuche auf der Schopperschen Papierzerreißmaschine infolge der Massenwirkung des Belastungshebels und die unmittelbare Belastung infolge der Belastungsart keine einwandfreien Werte für die Zerreißlast ergeben können. Die Ermittlung des Bruchquerschnittes erfolgte durch Messung des mittleren Durchmessers der Einschnürstelle auf dem Zeißkomparator. Die Ergebnisse sind in der Zahlentafel 8 zusammengestellt.

Vergleicht man zunächst die Festigkeitzunahme dieser Drähte als Funktion der Querschnittverminderung durch das Ziehen, so findet man ein gleiches Verhalten wie bei den Proben 1 bis 9. Die Bruchspannung σ_B des geglühten Drahtes, bezogen auf den Einschnürquerschnitt, liegt in der graphischen Darstellung mit den gleichen Spannungen σ_B der daraus gezogenen Drähte annähernd in einer geraden Linie. Die einzige Ausnahme macht die Drahtsorte 25, welche einen zu hohen Festigkeitswert zeigt. Dies dürfte jedoch nicht weiter von Belang sein, weil gerade bei dieser Drahtsorte der Wert für die gleichmäßige Dehnung, aus welcher der Bezugsquerschnitt für die Bruchspannung ermittelt wurde, große Unterschiede der Einzelwerte zeigte. Ueberdies liegen die Punkte, welche die Spannungen σ_B der übrigen Drähte 26, 27, 28 und 29 darstellen, ziemlich nahe einer Geraden. Die Ergebnisse vorliegender Stahldrahtuntersuchung führen daher zu folgender Schlußfolgerung:

Die Zugfestigkeit, bezogen auf den Querschnitt zu Beginn der Einschnürung, wächst beim Ziehen auf Querschnitte, die kleiner als der Einschnürquerschnitt des geglühten Drahtes sind, aus welchem die Drähte gezogen werden, annähernd proportional der durch das Ziehen bewirkten Querschnittverminderung.

Bezeichnet man nun die Festigkeitzunahme auf 1 qmm Querschnittverminderung mit spezifischer Festigkeitzunahme, so würde diese, bezogen auf einen bestimmten Anfangsdurchmesser des Drahtes, unter den gemachten Voraussetzungen unveränderlich sein.

Man findet übrigens ein gleiches Ergebnis, wenn man die Spannungen σ_e, über welche Stribeck in der bereits angezogenen Abhandlung für eine Versuchsreihe von Messingdrähten berichtet, graphisch über den Querschnittverminderungen aufträgt. Außerhalb des Einschnürgebietes bilden sie einen völlig regellosen Linienzug, während innerhalb desselben sämtliche 7 Spannungswerte fast genau auf einer Geraden liegen. Für Kupfer fand Stribeck allerdings abweichende Verhältnisse. Das gleiche gilt für diejenigen Spannungswerte, welche für Drähte gefunden wurden, welche bereits eine Schädigung des Materials durch zu weit getriebenes Ziehen erkennen ließen. Man kann daher annehmen, daß die Gültigkeit des oben aufgestellten Satzes aufhört, sobald das Ziehen soweit getrieben wird, daß die Spannung σ_B fällt. Diese Einschränkung hat jedoch keine weitere Bedeutung, da die Praxis der Drahtzieherei naturgemäß ein übermäßiges Ziehen ausschließt.

Was nun die Abhängigkeit des Neigungswinkels der Geraden, welche in der graphischen Darstellung den geometrischen Ort der Spannungen σ_B bildet, vom Drahtdurchmesser anlangt, so kann sie jetzt unter Berücksichtigung sämtlicher Zerreißversuche für eine genügende Zahl von Punkten aufgestellt werden. Es kommen im ganzen 8 Versuchsreihen in Betracht, von denen jede eine geglühte und mehrere daraus gezogene Proben enthält, und die letzte, also dünnste

Drahtsorte einer Reihe in ausgeglühtem Zustande zugleich die erste Sorte der folgenden Reihe darstellt. Diesen Versuchsreihen entsprechen im Annäherungsfalle 8 Geraden mit 8 verschiedenen Neigungswinkeln als geometrischer Ort der Zugfestigkeiten σ_B. Die Neigungswinkel wurden durch die Tangenten gemessen. Die Tangentenwerte sind einer graphischen Darstellung, die zur Erzielung größerer Genauigkeit in genügend großem Maßstabe ausgeführt wurde, entnommen und in Zahlentafel 9 zusammengestellt.

Wie aus der Tafel ersichtlich wird, wachsen die Tangentenwerte mit abnehmendem Drahtdurchmesser. Ein geglühter Draht gewinnt also bei gleicher Verdünnung durch das Ziehen um so mehr an Festigkeit, je dünner er ist.

In Fig. 22 sind die Tangentenwerte der Neigungswinkel α über den Durchmesserunterschieden ΔD aufgetragen. Sie ergeben in einem rechtwinkligen Koordinatensystem, in welchem die Ordinaten die Tangentenwerte und die Abszissen die Durchmesserunterschiede darstellen, eine Kurve, welche hyperbelähnlichen Verlauf nimmt. Sie beginnt flach zur X-Achse verlaufend, biegt dann in einer sanften Krümmung um und nähert sich asymptotisch einer

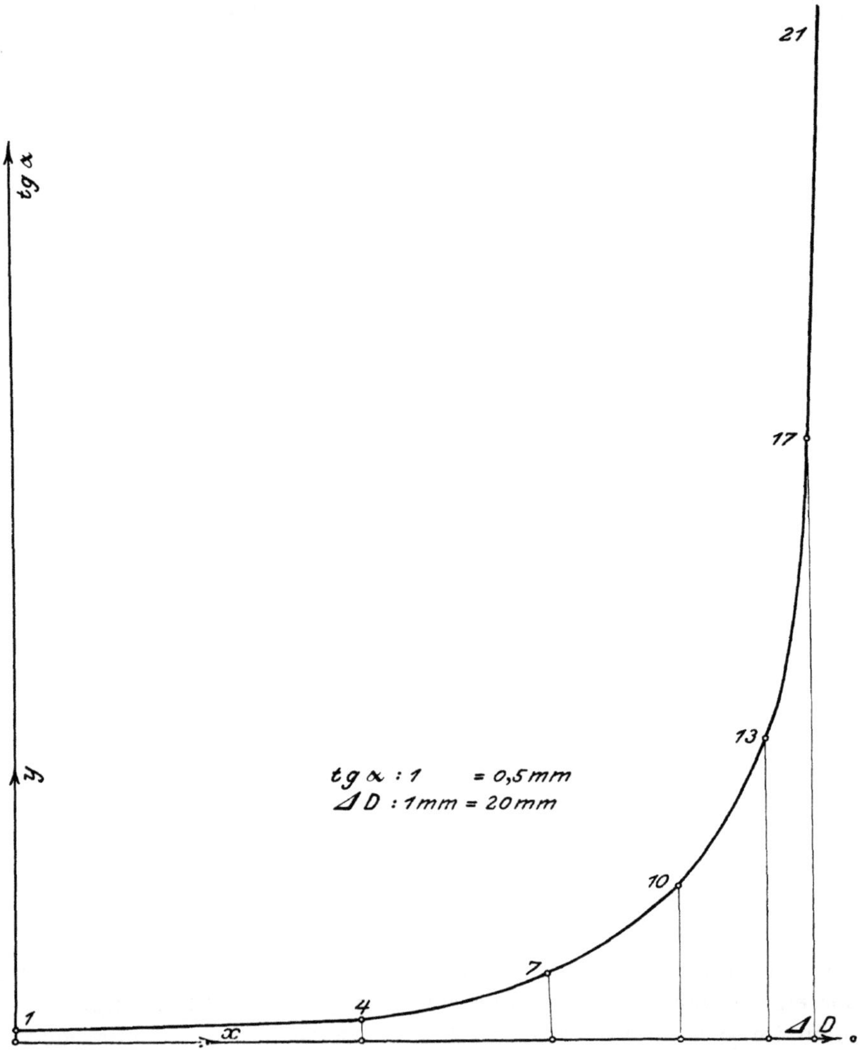

Fig. 22. Die Tangenten der Neigungswinkel α als Funktion der Durchmesserunterschiede ΔD.

Zahlentafel 9.

Die Tangente des Neigungswinkels α als Funktion des Drahtdurchmessers.

Nummer der Drahtsorte	Durchmesser-Unterschied ΔD bezogen auf Draht 1 mm	tg α
1	0	2,940
4	2,056	5,247
7	3,198	16,640
10	3,953	38,000
13	4,473	74,733
17	4,744	150,933
21	4,975	469,407
25	5,099	813,333

Parallelen zur Y-Achse. Der Verlauf ähnelt demnach einer Hyperbel, obwohl die einzelnen Punkte der Hyperbelgleichung in keiner Weise genügen.

Trägt man hingegen in einem bestimmten Maßstabe die Tangenten über den Querschnitten auf, wie es in Fig. 23 geschehen ist, so erhält man eine Kurve, die sich annähernd durch eine Hyperbel, und zwar durch eine gleichseitige ersetzen läßt. Bezogen auf die X- und Y-Achse als Asymptoten lautet die Gleichung dieser Hyperbel

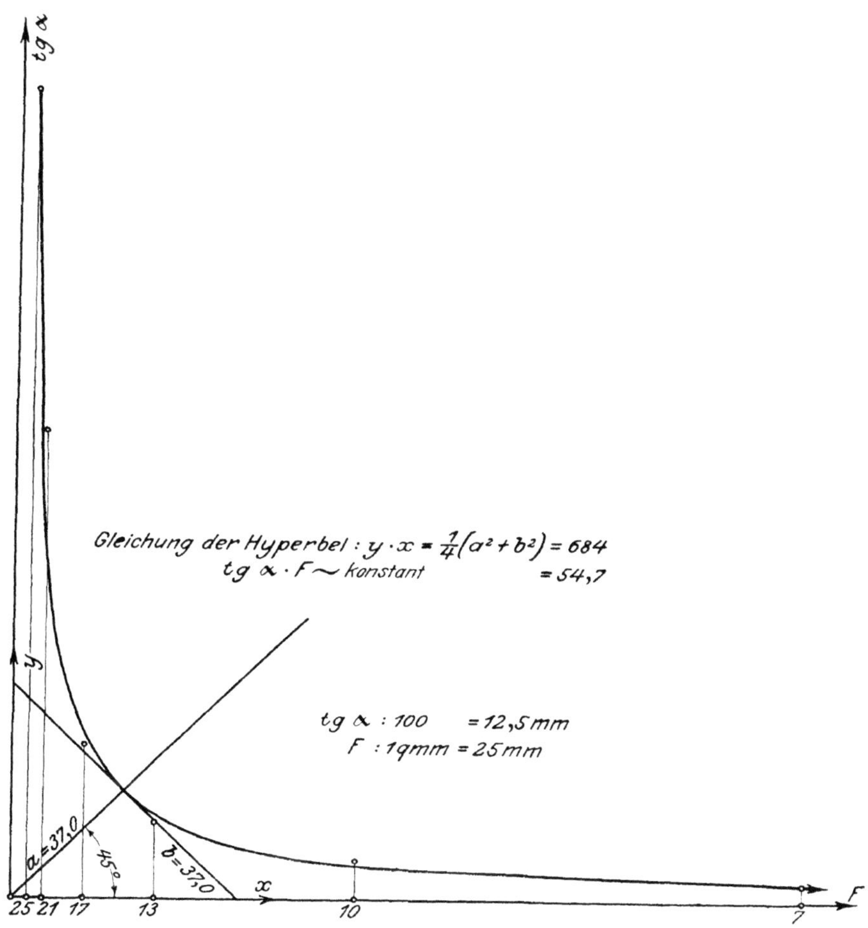

Fig. 23. Die Tangenten der Neigungswinkel α als Funktion der Querschnittgrößen.

$$X\,Y = {}^1/_4\,(a^2 + b^2) = {}^1/_4\,(37^2 + 37^2) \backsim 684$$

Da nun die Abszissen die Querschnitte und die Ordinaten die Tangenten darstellen, folgt unter Berücksichtigung des Maßstabes der Aufzeichnung

$$F\,\mathrm{tg}\,\alpha \backsim 54{,}7 = \text{konst.}$$

Da ferner der Neigungswinkel α der Festigkeitzunahme auf 1 qmm Querschnittverminderung, also der spezifischen Festigkeitzunahme proportional ist, so gilt für vorliegende Stahldrähte im Annäherungsfalle folgender Satz:

Das Produkt aus dem Drahtquerschnitt und der spezifischen Festigkeitszunahme durch Ziehen ist unveränderlich.

Natürlich handelt es sich hier nur um eine Annäherung, die indessen völlig für die Praxis genügt. Als Materialien kommen nur solche in Betracht, bei denen beim Ziehen in sämtlichen Stufen der sogenannte Einschnürquerschnitt unterschritten wird. Dies ist in der Praxis der Drahtzieherei ausnahmslos bei Stahl und Eisen, sehr oft aber auch bei anderen Stoffen der Fall. Für diese Fabrikationszweige wäre es daher auf Grund der angestellten Erörterungen möglich, nach einmaliger Feststellung der Konstanten der Hyperbel, mühelos die durch die Einzelzüge irgend einem geglühten Drahte erteilte Festigkeit annähernd zu berechnen. Für eine bestimmte verlangte Festigkeit ließe sich die erforderliche Verdünnung ermitteln, bezw. die bei einer bestimmten Verdünnung eintretende Festigkeitzunahme im voraus annähernd bestimmen.

Die Zerreißspannung.

Unter Zerreißspannung σ_z werde hier das Verhältnis der Belastung im Augenblicke des Bruches zur Bruchfläche verstanden. Vergleicht man diese Spannungswerte für die verschiedenen Ziehstufen, so erkennt man, daß die Zerreißspannung annähernd für sämtliche Drähte, gleichgültig ob sie geglüht oder hartgezogen sind, unveränderlich ist. Nur der Walzdraht und Probe 2 zeigten in dieser Beziehung abweichende Werte. Diese Ausnahmen dürften jedoch mit Rücksicht auf die Schwierigkeit der Ermittlung und die relativ große mittlere Abweichung der Einzelwerte der Zerreißspannung dieser beiden Drahtsorten ohne Belang sein. In der graphischen Darstellung, Fig. 19, bilden die Zerreißspannungen einen Linienzug, der annähernd durch eine Parallele zur X-Achse ersetzt werden kann.

Dieses Ergebnis entspricht übrigens völlig der Erwartung. Bereits Lagerhjelm folgerte aus seinen Versuchen, daß die auf den Bruchquerschnitt bezogene Festigkeit für harte und weiche Drähte gleich ist. Auch die bereits erwähnten Versuche von Stribeck ergaben für sämtliche Ziehstufen einer Reihe Kupfer- und Messingdrähte annähernd die gleiche Zerreißspannung. Dabei war es gleichgültig, ob der Querschnitt der Drähte kleiner oder größer als der Einschnürquerschnitt des geglühten Materials war.

Die Bruchdehnung.

Besonders auffällig ändert sich die Bruchdehnung durch das Ziehen. Wie schon erwähnt, wurde die Bruchdehnung aus der gleichmäßigen und örtlichen Dehnung bestehend aufgefaßt. Beide Arten der Dehnung konnten bei vorliegender Versuchsreihe jedoch nur die geglühten Drähte zeigen. Bei dem gezogenen Drahte war entsprechend der großen Verdünnung das Streckvermögen des

Materials bereits durch das Ziehen erschöpft, so daß der Zerreißversuch nur noch örtliche Dehnung ergeben konnte. In Spalte 12 der Zahlentafel 7 sind zunächst die gesamten Bruchdehnungen ε_B zusammengestellt. Diese Werte fassen also die gleichmäßige und örtliche Dehnung zusammen und beziehen beide auf die gleiche Meßlänge.

Die Feststellung dieser Dehnungswerte erfolgte nach der in der Versuchspraxis üblichen Weise, indem sie nur Zerreißproben entnommen wurden, wo die Bruchstelle im mittleren Drittel der Meßlänge lag. Dabei wurde die Dehnung bei Drähten, welche nicht in der Mitte gerissen waren, unter der Annahme, daß die Formänderungen symmetrisch zur Bruchstelle verlaufen, durch das bekannte Ergänzungsverfahren ermittelt. Der 100fache Betrag dieser Dehnungswerte gibt die Dehnung in Prozenten der ursprünglichen Länge an und ist unter der üblichen Bezeichnung δ eingetragen.

Der dem Werte δ beigefügte Index 75 gibt das Verhältnis der angewandten Meßlänge zum Drahtdurchmesser an, welches bekanntlich die Dehnung und Querschnittverminderung beeinflußt.

Vergleicht man die einzelnen Werte der gesamten Bruchdehnung, so erkennt man, daß sie durch das Ziehen außerordentlich vermindert wird. Während der geglühte Walzdraht eine Bruchdehnung von 15,2 vH aufweist, zeigt Probe 2 nach einer Querschnittverminderung durch Ziehen um etwa 42 vH eine Bruchdehnung von nur 1,8 vH. Die Dehnung ist also durch den ersten Zug um etwa 88 vH gesunken. Durch den 2. Zug findet eine weitere Abnahme der Bruchdehnung statt, die aber verhältnismäßig gering ist. Die Bruchdehnung der Probe 3 wurde zu 1,6 vH ermittelt nach einer Querschnittabnahme durch Ziehen von etwa 35 vH.

Dagegen zeigt die geglühte Drahtsorte 4 eine Bruchdehnung von 10,1 vH. Das Ausglühen hat demnach die Bruchdehnung fast auf den 6fachen Betrag

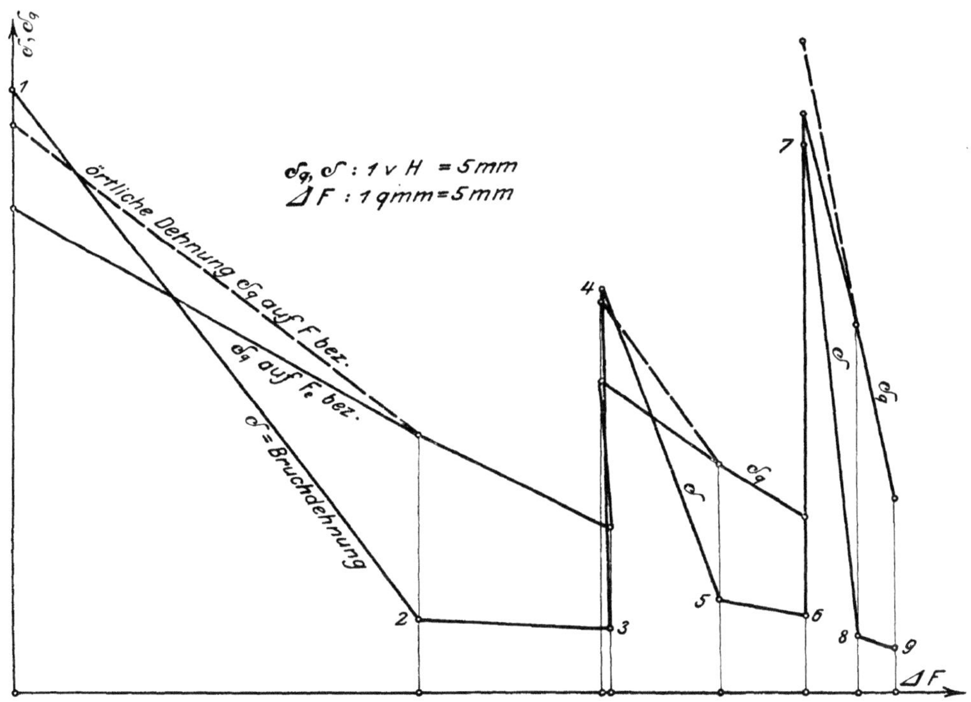

Fig. 24. Veränderung der Bruchdehnung δ und der örtlichen Dehnung δ_q von Stahl durch Ziehen und Glühen.

erhöht. Entsprechend zeigen auch die übrigen geglühten Drahtsorten große Bruchdehnungen. Durch Ausglühen wird also die durch Ziehen verminderte Bruchdehnung wieder erhöht. Eine bestimmte Gesetzmäßigkeit der Abnahme der Gesamtdehnung durch das Ziehen läßt sich jedoch nicht folgern.

Anders verhält es sich mit der örtlichen Bruchdehnung ε_q. Diese dem kleinsten Einschnürquerschnitte entsprechende Bruchdehnung ergab sich aus der Beziehung

$$\varepsilon_q = \frac{100}{100 - q} - 1.$$

Hierin bedeutet q die Querschnittzusammenziehung in Prozenten des Einschnürquerschnitts F_e. Es ist also $q = 100\left(1 - \frac{F_B}{F_e}\right)$.

Da es im übrigen üblich ist, die Querschnittzusammenziehung auf den ursprünglichen Querschnitt zu beziehen, sind in die 17., 18. und 19. Spalte der Zahlentafel 7 auch die auf den ursprünglichen Querschnitt bezogenen Werte aufgenommen. Dies kommt natürlich nur für die geglühten Drähte in Betracht, und zwar ist der obere Wert auf den anfänglichen, der untere Wert auf den Einschnürquerschnitt bezogen.

In Fig. 24 und 25 sind die Werte δ_q, q und F_B graphisch über den Querschnittverminderungen aufgetragen, und zwar sind die auf den Anfangsquerschnitt bezogenen Werte mit den übrigen durch eine gestrichelte Linie verbunden.

Was zunächst die Bruchdehnungen δ_q, bezogen auf den Querschnitt zu Beginn der Einschnürung, betrifft, so bilden sie als Funktion der Querschnittverminderung durch das Ziehen eine langgestreckte Kurve, die in grober Annäherung durch eine Gerade ersetzt werden kann.

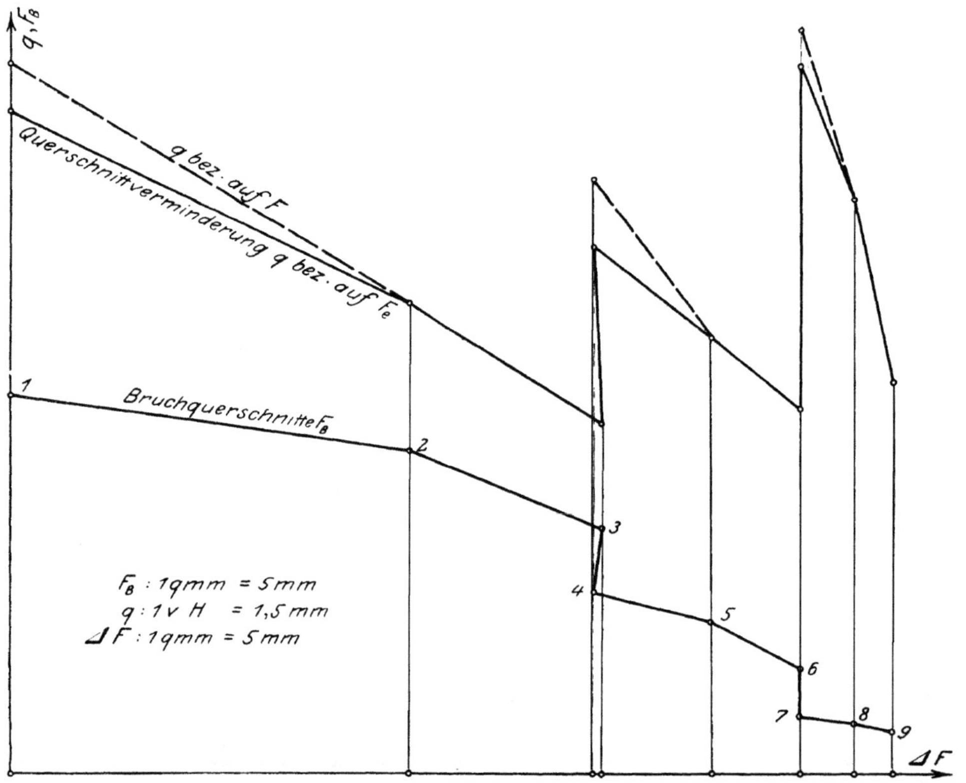

Fig. 25. Veränderung der Bruchquerschnitte F_B und Querschnittverminderung q von Stahl durch Ziehen und Glühen.

Dies würde bedeuten, daß die örtliche Bruchdehnung eines geglühten Drahtes durch Ziehen angenähert proportional der durch das Ziehen bewirkten Querschnittverminderung abnimmt. Der Betrag der Abnahme fällt entsprechend einem variablen Neigungswinkel der Geraden für Drähte verschiedener Stärke verschieden aus und wächst mit abnehmendem Drahtdurchmesser. Eine bestimmte Abhängigkeit ließ sich hier jedoch nicht feststellen, da nur 3 Versuchsreihen zur Verfügung standen.

In Fig. 25 sind auch die Größen F_B der Bruchquerschnitte graphisch über den Querschnittverminderungen aufgetragen. Sie bilden zur Abszissenachse schwach konvex verlaufende Linienzüge. Würden die Werte F_B in einer Geraden liegen, so würde dies besagen, daß die Kaltbearbeitung überhaupt keinen Einfluß auf die Einschnürung des Materials ausübt. In Wirklichkeit wird aber durch die Kaltbearbeitung eine Verminderung der Einschnürung erzielt, so daß der Bruchquerschnitt für die gezogenen Proben relativ größer ausfällt. Die Abnahme der Einschnürung zeigt sich in der graphischen Darstellung in dem gegen die Abszissenachse abfallenden Linienzug der Werte q.

Aehnliche Erscheinungen hinsichtlich der Einschnürung stellte Stribeck an Kupfer- und Messingdrähten fest, sobald der Querschnitt der Drähte kleiner als der Einschnürquerschnitt des geglühten Materiales war. War er hingegen größer, so daß der gezogene Draht noch ein gewisses Streckvermögen besaß, so zeigten die Einschnürungen q bei einer geringen Verdünnung durch das Ziehen zunächst einen gleichbleibenden Wert, bei weiterer Verdünnung eine geringe Erhebung, die gegen das Einschnürungsgebiet wieder auf den anfangs unveränderlichen Wert und von da weiter abfiel.

Die Zähigkeit.

Der Wert q spielt bei Beurteilung der Zähigkeit des Materials eine wichtige Rolle. Die Zähigkeit ist ein Begriff, der in einer für alle Fälle zutreffenden Weise sehr schwer festzulegen ist. Im alltäglichen Leben verstehen wir unter Zähigkeit der Körper ihre Fähigkeit, bei großem Widerstande möglichst große Formänderungen zu ertragen. Als Maß der Zähigkeit haben Reuleaux und andere Forscher den Unterschied zwischen Bruchgrenze und Streckgrenze, also den Wert $\sigma_B - \sigma_S$ vorgeschlagen.

Diese Maßbewertung ist aber nicht für sämtliche Untersuchungen geeignet. Einmal würde man, wie Martens [1]) hervorhebt, verschiedene Zähigkeitswerte erhalten, je nachdem man sie aus Zug- oder Druckversuchen ableitet. Andererseits ist diese Maßbewertung nur auf ein eng begrenztes Anwendungsgebiet beschränkt, da sie eine Streckgrenze des Materials voraussetzt. So läßt sich bei kaltbearbeiteten Metallen, die eine erhebliche Veränderung in ihrer Zähigkeit erfahren haben, wie bereits dargelegt wurde, überhaupt keine Streckgrenze feststellen. Beispielsweise fällt bei gezogenen Drähten, sobald ihr Querschnitt den Einschnürquerschnitt des geglühten Materials unterschreitet, die Streckgrenze mit der Einschnürgrenze und Bruchspannung zusammen. Will man nun den Grad der mechanischen Bearbeitung durch diesen Zähigkeitswert ausdrücken, so würde diese Maßbewertung bei vorliegender Untersuchung für sämtliche gezogenen Drähte den gleichen Wert null ergeben, also unbrauchbar sein.

Das gleiche gilt von dem Verhältnis $\frac{\sigma_S}{\sigma_B}$ der Fließspannung zur Bruchspannung, welches Martens benutzt, um den Bearbeitungsgrad eines Materials aus-

[1]) Martens, Materialienkunde S. 245.

zudrücken. Dieses würde für sämtliche gezogenen Drähte im Einschnürgebiet gleich 1 werden. Stribeck schlägt daher als Maß für den Grad der mechanischen Bearbeitung des Materials die Erhöhung der Streckgrenze und späterhin der Einschnürgrenze vor. Wie bereits hervorgehoben wurde, zeigte sich auch bei vorliegender Stahluntersuchung, daß die Kurve der Spannungen an der Streckgrenze in der Tat durch die Spannungen an der Einschnürgrenze eine stete Fortsetzung erfährt, so daß diese Art der Maßbewertung berechtigt erscheint.

Es mag hier noch ein Vorschlag von Reißer erwähnt werden, welcher sowohl das Verhältnis $\frac{\sigma_B}{\sigma_S}$, bezogen auf den ursprünglichen Querschnitt, wie die Bruchdehnung δ zur Bildung eines Zähigkeitswertes benutzt. Er setzt die Zähigkeit $Z = \frac{\sigma_B \, \delta}{\sigma_S \cdot 100}$. Hierbei ist aber zu bedenken, daß das Verhältnis $\frac{\sigma_B}{\sigma_S}$ von einem bestimmten Bearbeitungsgrade ab unverändert gleich 1 bleibt, so daß z. B. für vorliegende gezogenen Stahldrähte die Zähigkeit gleich δ zu setzen wäre. Wir würden dann für die harten Drähte den Ausdruck $Z = \delta$ erhalten, welchen Fischer[1]) für die Zähigkeit einführt, und hätten für die geglühten Drähte eine andere Maßbewertung als für die gezogenen. Ein solcher Zähigkeitsmaßstab dürfte mithin weniger geeignet erscheinen.

Dies zeigt sich auch an dem Verlauf der Zähigkeitswerte, welche, nach diesem Ausdruck gebildet, in Spalte 20 der Zahlentafel 7 zusammengestellt sind. Hiernach beträgt die Zähigkeit für den Walzdraht 0,216 und sinkt bereits durch den ersten Zug auf 0,018, während sie der zweite Zug nur noch auf 0,016 erniedrigt. Gleichwohl sind bei Probe 3 die Einschnürgrenze und die Festigkeit noch bedeutend erhöht worden, während die Bruchdehnung nur sehr wenig abgenommen hat, so daß hier offenbar eine größere Zähigkeit als bei Probe 2 zu erwarten ist. Es zeigt sich mithin, daß, sobald ein bestimmter Grad der mechanischen Bearbeitung überschritten ist, der obige Ausdruck für die Zähigkeit Werte liefert, die mit der Veränderung der übrigen Eigenschaften des Stoffes nicht recht in Einklang stehen.

Martens mißt die Gesamtzähigkeit eines Stoffes durch die Gesamtarbeit, welche der Volumeneinheit des Stabes bis zum Bruche zugeführt werden muß. Da die Ueberwindung der Gesamtzähigkeit an der Bruchstelle des Stabes erfolgt, ermittelt er die zur gesamten Formänderung aufgewendete mechanische Arbeit aus der Querschnittverminderung.

Die Gesamtzähigkeit, welche ein Material bis zum Bruch entwickelt, kann demnach annähernd proportional der Fläche des Zerreißdiagrammes angenommen werden. So wurde für die vorliegenden Stahldrähte die Gesamtzähigkeit durch die gesamte Formänderungsarbeit gemessen und aus dem Diagramm ermittelt. In Fig. 26 sind diese Zähigkeitswerte A graphisch über den Querschnittsminderungen durch Ziehen aufgetragen.

Die größte Gesamtzähigkeit zeigen, wie zu erwarten, der Walzdraht und die geglühten Proben. Sie beträgt für den Walzdraht 983 cmkg/ccm und fällt durch den ersten Zug auf 177 cmkg/ccm, also um etwa 82 vH. Der Grund dieser beträchtlichen Verminderung der Zähigkeit liegt offenbar in der großen Dehnungsabnahme, welche durch den ersten Zug eingetreten ist.

Probe 3 zeigt eine Zunahme der Gesamtzähigkeit ungefähr um das $1^1/_2$-fache ihres Wertes. Dies steht völlig in Einklang mit der großen Festigkeit-

---

[1]) H. Fische , Untersuchung der Zugfestigkeit von Metalldrähten. Ziviling. XXX.

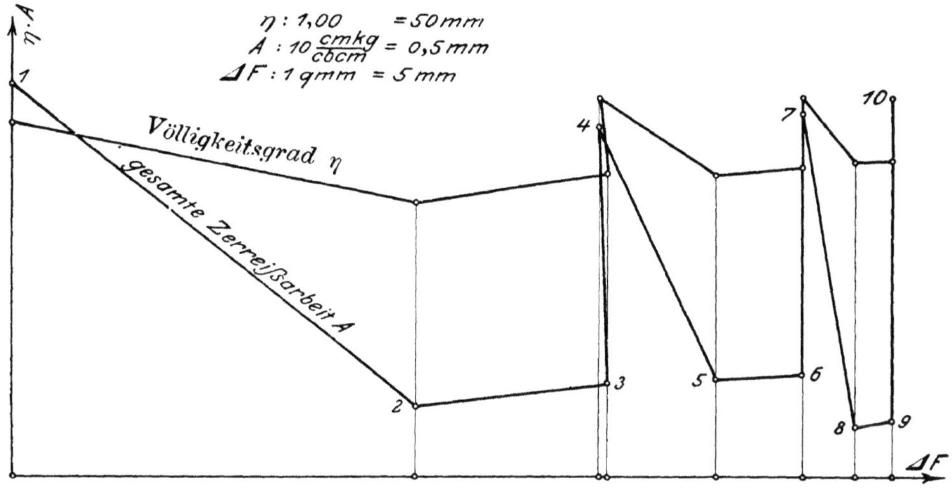

Fig. 26. Veränderung der Zerreißarbeit A und des Völligkeitsgrades η von Stahl durch Ziehen und Glühen.

zunahme bei nur geringer Verminderung der Bruchdehnung als Folge des 2. Zuges. Die gleiche Erscheinung findet sich auch bei den übrigen Versuchsreihen und man kommt daher zu folgender Schlußfolgerung:

Die Zähigkeit eines geglühten Materials wird durch Kaltbearbeitung, z. B. durch Ziehen im allgemeinen zunächst vermindert, indem das Material unverhältnismäßig mehr an Dehnbarkeit verliert, als es an Festigkeit gewinnt. Sobald aber ein bestimmter Bearbeitungsgrad erreicht ist, findet durch eine Fortsetzung der Bearbeitung wieder eine Zunahme der Zähigkeit statt, indem bei einer sehr geringen, weiteren Dehnungsverminderung noch eine erhebliche Festigkeitszunahme eintritt.

Die Zähigkeit zeigt sich übrigens auch am Verlauf der Diagrammkurve, und zwar kommt hierbei hauptsächlich das zwischen der Höchstbelastung und der Bruchlast liegende Kurvenstück in Betracht[1]).

Der Völligkeitskoeffizient.

Aus dem Diagramm wurde noch ein anderer für die Materialbeurteilung wichtiger Wert, der Völligkeitskoeffizient η abgeleitet, d. i. das Verhältnis der Diagrammfläche zu der umschließenden Rechteckfläche. Der Völligkeitsgrad wird hauptsächlich von dem Verlauf der ansteigenden Diagrammkurve beeinflußt und bildet daher für die meisten Stoffe annähernd eine Konstante. Der Linienzug der Völligkeitsgrade η, Fig. 26, zeigt einen ähnlichen Verlauf wie derjenige der Zähigkeitswerte A. Es beträgt der mittlere Völligkeitsgrad beim Walzdraht 0,888, fällt dann durch den ersten Zug auf 0,684, also um etwa 23 vH, und steigt während des nächsten Zuges wieder auf 0,758. Das Ziehen bewirkt zunächst ein Fallen, später ein Ansteigen des Völligkeitsgrades, das Glühen dagegen stets eine Erhöhung desselben. Dem absoluten Werte nach bleibt η bei den gezogenen und dann ausgeglühten Drähten bedeutend über dem entsprechenden Werte des Walzdrahtes. Der Grund liegt darin, daß die Streckgrenze eines nach Kaltbearbeitung ausgeglühten Stoffes, wie bereits festgestellt,

---

[1]) Vergleiche die Diagramme in Figur 27.

höher liegt als diejenige des gleichen Stoffes vor der Bearbeitung. Verhältnismäßig hohe Werte für die Streckgrenze und den Völligkeitsgrad bilden demnach ein Erkennungszeichen für ein vor dem Ausglühen bearbeitetes Material.

Die Bruchflächen.

Die Bruchfläche bestand fast bei allen Drahtsorten in einer Trichterbildung mit ebenem Grunde. Der Trichterrand erscheint bald zackig, bald vollkommen geschlossen, ohne daß die eine der beiden Erscheinungsformen für hartgezogene oder geglühte Drähte vorwiegt. Die Bruchfläche selbst zeigt eine matte, graue Farbe und außerordentlich feinkörniges Gefüge. Die äußersten Randpartien erscheinen heller, insbesondere bei hartgezogenen Drähten, und deuten auf ein dich-

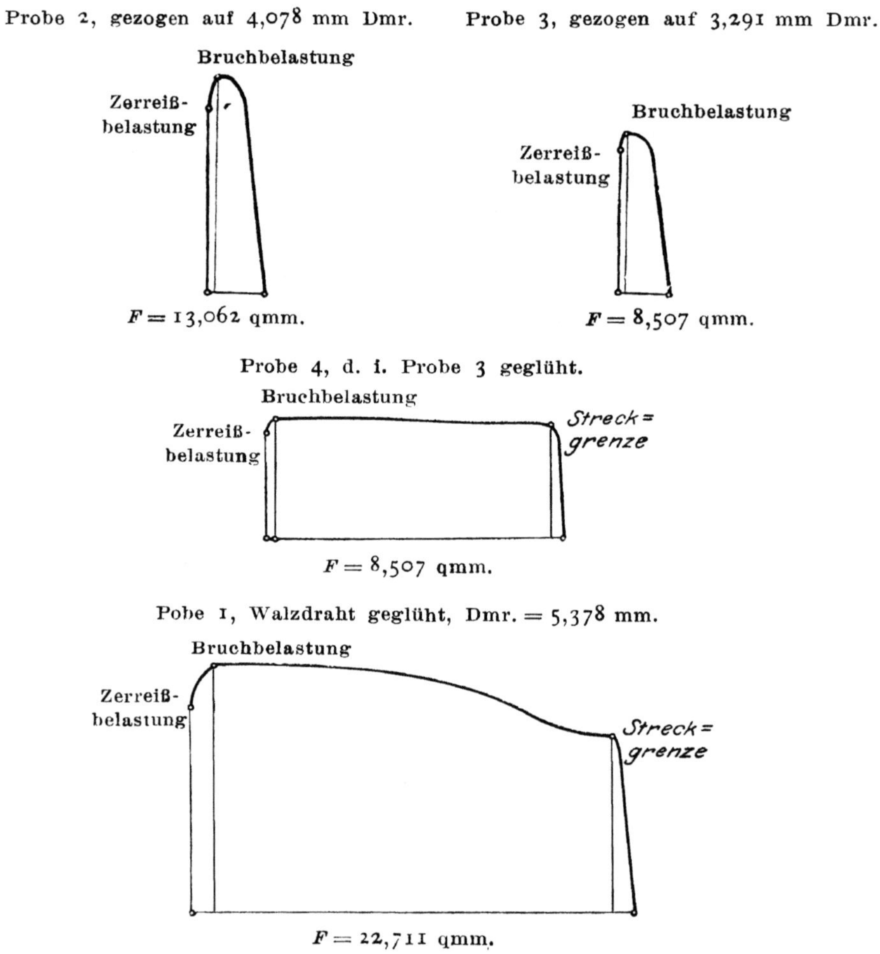

Fig. 27. Kraftstreckdiagramme der Stahldrähte 1 bis 4.

teres Gefüge dieser Stellen hin. Die Tiefe der Trichterbildung scheint bei den gezogenen Drähten etwas kleiner zu sein, doch ist der Unterschied sehr gering.

Besondere Fließfiguren an der Oberfläche vor dem Bruche waren weder bei den geglühten noch bei den hartgezogenen Drähten bemerkbar.

IX.

Aenderung der Verdrehungsfestigkeit und der Verwindungszahl.

Um den Einfluß des Ziehens und Glühens auf die Verdrehungsfestigkeit und die Verwindungszahl des Materials feststellen zu können, waren von den ersten 10 Drahtsorten Proben für Verdrehungsversuche vorgesehen worden. Die Verdrehungsversuche wurden auf der Draht-Torsionsmaschine (System Amsler) der Versuchsanstalt ausgeführt, die durch Fig. 28 veranschaulicht wird.

In vorliegendem Falle schien in Anbetracht der geringen Torsionsfestigkeit der dünneren Drähte eine größere Empfindlichkeit dieser Maschine erwünscht.

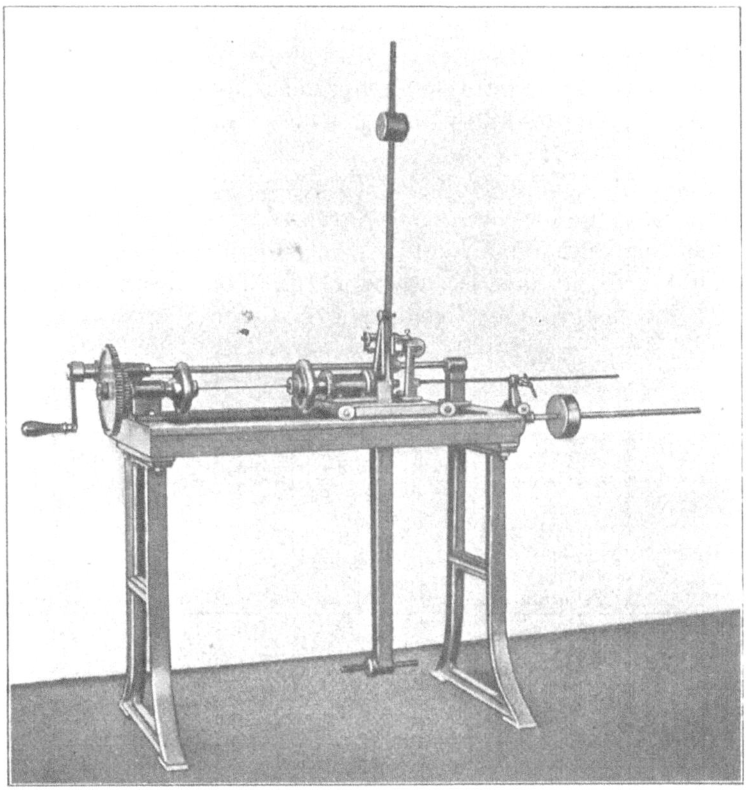

Fig. 28.

Es wurde deshalb durch eine Verlängerung des Pendelhebels nach oben das Eigengewicht teilweise ausgeglichen und zur Regelung der Empfindlichkeit auf dem Hebel ein Laufgewicht angebracht. Da verschieden starke Drähte verglichen werden sollten, wurde das Gewicht, welches den Versuchsdraht spannt, von Fall zu Fall so verstellt, daß der Draht immer die gleiche Zugspannung erfuhr. Die Maschine wurde durch Gewichte mittels einer der Maschine beigegebenen Kontrollwage geeicht.

Die Versuche selbst wurden in zwei Versuchsreihen ausgeführt, von denen die erste die Drahtsorten 1 bis 4, die zweite die Proben 4 bis 10 umfaßte. Für jede dieser Reihen wurden die Proben unter Voraussetzung der Gültigkeit des Aehnlichkeitsgesetzes in ihrer Meßlänge so bemessen, daß das Verhältnis der Meßlänge zum Drahtdurchmesser unveränderlich war. Jede Versuchsreihe lieferte daher vergleichsfähige Werte für das Drehmoment und die Verwindungszahl. Mit jeder Drahtsorte wurden 8 Versuche ausgeführt. Da die Verdrehungsversuche unter gleichzeitiger Diagrammaufnahme erfolgten, konnte aus dem Drehkraftdiagramm auch das Drehmoment an der Proportionalitätsgrenze bestimmt werden. Das Bruchmoment wurde an der Teilscheibe und die Verwindungszahl am Zählwerk abgelesen und hieraus der Maßstab des Diagramms ermittelt. Aus dem Drehmoment wurden sodann die entsprechenden Schubspannungen τ aus der Gleichung $\tau = \frac{16\,Md}{\pi\, d^3}$ berechnet. Als Durchmesser wurden hierbei die Werte eingeführt, welche den bei Berechnung der Zugspannungen zugrunde gelegten Querschnitten entsprachen.

In Zahlentafel 10 sind die Versuchsergebnisse zusammengestellt, und zwar für zwei verschiedene Verhältnisse der Einspannlänge zum Durchmesser. Wäre für sämtliche Drahtsorten das gleiche Verhältnis gewählt worden, so wären die Meßlängen der dünneren Drähte so gering ausgefallen, daß ein kleiner Fehler in der Längenmessung eine verhältnismäßig große Ungenauigkeit der Verwindungszahl ergeben hätte.

Hinsichtlich der Genauigkeit der Ermittlung der Schubspannungen τ_P und τ_D an der Proportionalitäts- bezw. Drehgrenze ist zu berücksichtigen, daß das Diagramm, dem sie entnommen sind, zwar ein gutes Schaubild darstellt, aber keine sicheren Werte für das Drehmoment und die Verdrehung ergibt. Quantitativ ist daher die festgestellte Veränderung dieser Werte nicht einwandfrei.

Zahlen-
Zusammenstellung der Ergebnisse der Ver-

Nummer der Drahtsorte	Drahtdurchmesser D mm	Zustand des Drahtes	Schubspannung τ_P an der Proportionalitätsgrenze kg/qmm	mittlere Abweichung $\Delta\tau$ kg/qmm	Schubspannung τ_D an der Drehgrenze kg/qmm	mittlere Abweichung $\tau\Delta$ kg/qmm	Schubspannung τ_B an der Bruchgrenze kg/qmm	mittlere Abweichung $\Delta\tau$ kg/qmm	Verdrehungswinkel für 1 cm Länge im Bogenmaß ψ_1	mittlere Abweichung $\Delta\psi$ kg/qmm
1	5,378	geglüht	35,2	0,7	56,8	1,0	69,5	2,3	3,68	0,37
2	4,078	gezogen	68,5	0,5	—	—	79,4	2,0	0,91	0,25
3	3,291	»	69,5	0,6	—	—	82,5	0,7	0,64	0,40
4	3,327	geglüht	61,1	0,8	61,1	0,8	77,1	1,2	6,25	0,88
4	3,327	»	61,5	0,7	61,5	0,7	77,9	1,3	6,12	0,78
5	2,729	gezogen	62,9	0,8	—	—	79,4	1,1	0,62	0,36
6	2,186	»	63,6	0,6	—	—	80,8	1,4	0,52	0,40
7	2,188	geglüht	48,0	1,6	48,0	1,6	64,7	1,4	8,98	0,61
8	1,754	gezogen	59,1	1,8	—	—	75,3	1,5	5,13	1,10
9	1,421	»	61,5	1,4	—	—	83,8	1,6	2,51	0,90
10	1,439	geglüht	39,2	1,0	39,2	1,0	64,1	1,3	11,17	0,72

Die Proportionalitätsgrenze.

Der Vergleich zeigt, daß die Schubspannung an der Proportionalitätsgrenze unter dem Einfluß des Ziehens erhöht, durch das Glühen aber erniedrigt wird, jedoch nicht bis auf den ursprünglichen Wert, der beim Walzdraht ermittelt wurde. Auch bei bereits gezogenem Material bewirkt das Ziehen eine Erhöhung der Proportionalitätsgrenze τ_P.

Die Drehgrenze.

Die Drehgrenze war, entsprechend der Streckgrenze beim Zugversuch, lediglich bei dem Walzdraht und den geglühten Drähten ausgeprägt. Bei den gezogenen Drähten fiel die Spannung an der Drehgrenze mit der Bruchspannung zusammen. Es mag hier darauf hingewiesen werden, daß man bei dem Torsionsversuch hinsichtlich der Formänderungen eine ähnliche Trennung vornehmen könnte wie beim Zugversuch, indem man die gleichmäßige und die örtliche Verdrehung unterscheidet. Besonders günstig erscheint hierfür der Umstand, daß man einem Materiale, welches Faserverdrehung zeigt, ohne weiteres ansehen kann, ob es gleichmäßige und örtliche Formänderung oder nur örtliche erfahren hat. Die hartgezogenen Drahtsorten der Versuchsreihe 2, 3, 5 und 6 zeigten ausgesprochen nur örtliche Verdrehung.

Die Verdrehungsfestigkeit.

Die Bruchspannung τ_B, die Verdrehungsfestigkeit, erfährt ähnlich wie die entsprechende Spannung σ_B beim Zugversuch eine Erhöhung durch das Ziehen.

tafel 10.
drehungsversuche für die Drahtproben 1 bis 10.

Schiebung γ_1 für 1 cm Länge mm	Torsionsarbeit A_d $\frac{\text{cmkg}}{\text{ccm}}$	Völligkeitskoeffizient η_d	mittlere Abweichung $\Delta\eta$	Verhältnis der Zugfestigkeit zur Torsionsfestigkeit $\frac{\sigma_B}{\tau_B}$	Gebrauchslänge / Durchmesser $\frac{L}{D}$	besondere Bru herscheinungen
9,89	3120	0,892	0,002	1,03	29,6	deutliche, gleichmäßige Faserverdrehung an der Oberfläche; Bruchfläche eben, senkrecht zur Achse
1,86	660	0,925	0,003	1,36	29,6	deutliche Faserverdrehung nur an der Bruchstelle; Risse in der Faserrichtung. Bruchfläche eine Schraubenfläche unter 45°
1,06	430	0,973	0,010	1,48	29,6	Oberfläche und Bruchfläche wie bei 2; Zerreißfunken
10,40	3800	0,962	0,018	1,15	29,6	Oberfläche und Bruchfläche wie bei 1
10,18	3860	0,964	0,011	1,14	105,2	Oberfläche und Bruchfläche wie bei 1
0,84	320	0,920	0,017	1,42	105,2	Oberfläche und Bruchfläche wie bei 2
0,57	195	0,848	0,009	1,53	105,2	Oberfläche und Bruchfläche wie bei 2
9,82	2950	0,911	0,010	1,04	105,2	Oberfläche und Bruchfläche wie bei 1
4,52	1630	0,972	0,009	1,25	105,2	geringe, aber deutliche Faserverdrehung an der Oberfläche; Bruchfläche wie bei 1
1,78	680	0,908	0,007	1,30	105,2	Oberfläche und Bruchfläche zum Teil wie bei 1, zum Teil wie bei 2; Verwindung gleichzeitig an mehreren Stellen
8,04	2460	0,943	0,009	1,10	105,2	Oberfläche und Bruchfläche wie bei 1

So beträgt die Schubspannung im Augenblick des Bruches für den Walzdraht 69,5 kg/qmm bei einer mittleren Abweichung der Einzelwerte vom Mittel $\varDelta\tau = 2{,}3$ kg/qmm und steigt durch den ersten Zug auf 79,4 kg/qmm, also um etwa 14 vH.

Durch den zweiten Zug findet eine weitere Erhöhung der Verdrehungsfestigkeit auf 82,5 kg/qmm statt, während das Ausglühen eine Abnahme auf 77,1 kg/qmm bewirkt. Die gleiche Erscheinung hinsichtlich der Veränderung der Bruchspannung τ_d unter dem Einfluß des Ziehens und des Ausglühens finden wir bei sämtlichen Drahtsorten und erhalten somit auch in dieser Beziehung ein ähnliches Ergebnis wie bei den Zugversuchen:

Durch Ziehen wird die Verdrehungsfestigkeit erhöht, durch Ausglühen vermindert.

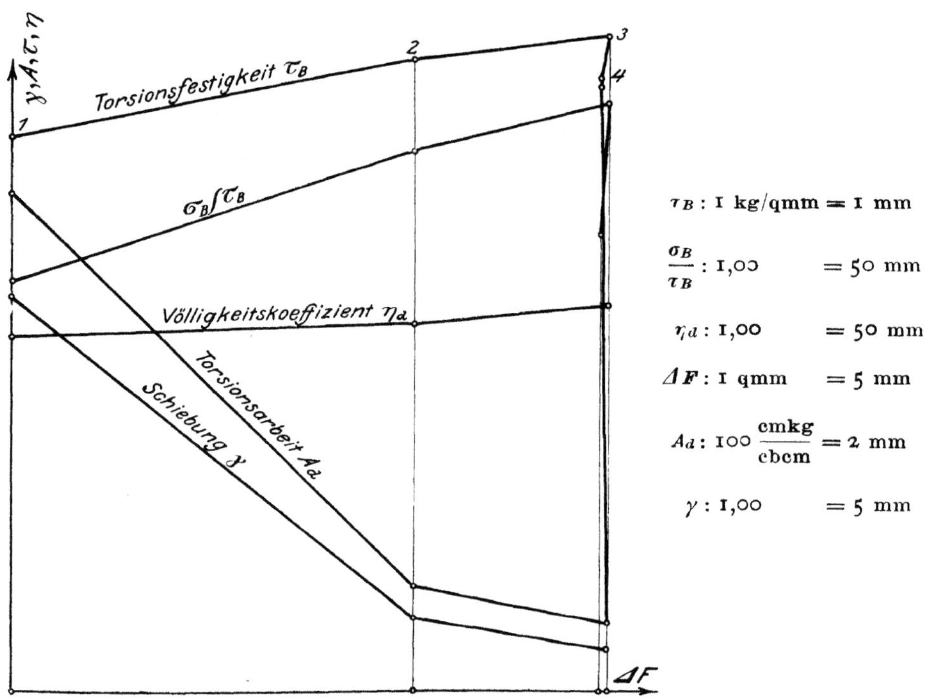

Fig. 29. Veränderung der Festigkeit, Formänderungsfähigkeit, des Völligkeitskoeffizienten für Verdrehung, sowie des Verhältnisses der Zugfestigkeit zur Verdrehungsfestigkeit durch Ziehen und Glühen.

Vergleicht man diese Zunahme mit der durch den Zugversuch festgestellten Festigkeitserhöhung von rd. 37 vH, so erscheint erstere allerdings gering. Die Verdrehungsfestigkeit wird mithin im Vergleich zur Zugfestigkeit durch Ziehen relativ wenig erhöht. Einen Hinweis auf diese Erscheinung finden wir auch in einem Bericht von C. Bach[1]) über Versuche mit Schrauben aus gezogenem und gewöhnlichem Schweißeisen.

Die Verdrehungen.

Gemessen wurde die Verdrehung durch den verhältnismäßigen Drehungswinkel ψ_I, um den sich das Hauptachsenkreuz eines Stabquerschnittes gegenüber demjenigen des um 1 cm davon abstehenden Querschnittes verdreht.

[1]) Zeitschrift des Vereines deutscher Ingenieure 1895 S. 854.

Diese Winkel sind in Spalte 10 der Zahlentafel 10 zusammengestellt, und zwar bedeutet ψ_1 den Verdrehungswinkel für 1 cm Länge, gemessen im Bogenmaß in einem Kreis vom Halbmesser $r = 1$.

Auffällig ist bei diesen Werten die große Abweichung der Einzelwerte vom Mittelwerte, die bei den gezogenen Drähten im Mittel etwa 35 vH, bei den geglühten etwa 9 vH beträgt. Ein unmittelbar vergleichsfähiges Maß für die Formänderung würden diese Werte ψ_1 übrigens nur darstellen, wenn die Drähte sämtlich den gleichen Durchmesser hätten.. Da dies nicht der Fall war, wurden die diesen Verdrehungswinkeln entsprechenden Schiebungen γ nach der Beziehung $\gamma = \psi r$ berechnet. Vergleicht man diese Werte, so erkennt man, daß die gezogenen Drähte gegenüber dem Walzdraht und den geglühten Sorten eine bedeutend geringere Schiebung besitzen.

Das Ziehen hat die Formänderungsfähigkeit des Materials gegen Verdrehung erheblich vermindert, das Ausglühen hat sie wieder erhöht.

Auch bereits gezogenes Material scheint unter dem Einfluß des Ziehens eine weitere Abnahme der Schiebung zu erleiden. Es läßt sich jedoch Bestimmtes hierüber nicht sagen, da die Verschiedenheit der Einzelwerte γ bei den gezogenen Drähten zu groß war.

Merkwürdigerweise zeigen die Proben 8 und 9 eine große Formänderung, obwohl sie hartgezogen sind. Dieses abweichende Verhalten der beiden Drahtsorten kommt aber insofern nicht unerwartet, als sie bereits beim Zugversuch eine gewisse Ausnahmestellung zeigten. Während im allgemeinen die gezogenen Drähte eine hohe Elastizitätsgrenze aufwiesen, war bei Probe 8 und 9 gerade das Gegenteil der Fall. Die Bruchdehnung der beiden Sorten war allerdings gering und steht somit wenig im Einklang mit der großen Schiebung bei der Verdrehung. Hier ist jedoch zu berücksichtigen, daß gerade den Werten der Bruchdehnung, wie bereits erwähnt, große Unsicherheit anhaftet. Uebrigens würde bei Drähten ein verschiedenes Verhalten hinsichtlich der Formänderungen bei Zug und Drehung infolge der ausgeprägten Faserrichtung nicht überraschen.

Die Verdrehungsarbeit.

Infolge der großen Verschiedenheit der Verwindungszahlen zeigt auch die Formänderungsarbeit A_d der Drehung bei einer und derselben Drahtsorte große Schwankungen. Sie wurde aus dem Diagramm, dessen Flächeninhalt sie proportional ist, ermittelt. Bezeichnet M_d das Drehmoment in cmkg und ψ den Verdrehungswinkel im Bogenmaß, so lautet der Ausdruck für die Formänderungsarbeit der Drehung:

$$A_d = \int_0^{\psi} M_d \, d\psi.$$

Da durch den Registrierapparat die Ordinaten des Diagrammes den Drehmomenten und die Abszissen den Drehwinkeln proportional aufgezeichnet werden, ist die Diagrammfläche proportional dem Ausdruck $\int_0^{\psi} M_d \, d\psi$.

Die Flächen wurden durch Planimetrieren festgestellt und die spezifische Gesamtarbeit A_d in cmkg/ccm unter Berücksichtigung des Maßstabes des Diagrammes und des Volumens der Probe berechnet. Vergleicht man die Einzelwerte, so erkennt man, daß durch Ziehen auch die spezifische Formänderungsarbeit der Drehung erheblich vermindert, durch Glühen aber wieder erhöht wird.

Der Völligkeitskoeffizient.

Aehnlich wie bei den Zugversuchen ist aus dem Diagramm auch der Völligkeitskoeffizient, die Diagrammcharakteristik, aufgestellt worden; sie stellt sich dar als das Verhältnis der Diagrammfläche zur umschließenden Rechteckfläche und ist unter der Bezeichnung η_d in die Zahlentafel eingetragen.

In der ersten Versuchsreihe zeigt der Völligkeitskoeffizient unter dem Einfluß des Ziehens eine stete Zunahme. Für den Walzdraht beträgt $\eta = 0{,}892$ und steigt durch den 1. Zug auf 0,925, durch den 2. Zug schließlich auf 0,973. Durch das Ausglühen findet eine Abnahme des Wertes statt, aber eine sehr geringe.

Die gleiche Erscheinung zeigte der Zerreißquotient beim Zugversuch, der Wert η_d bildet demnach ebenfalls ein Unterscheidungsmerkmal für geglühtes Material hinsichtlich der Vorbehandlung. Ein relativ hoher Wert η_d eines ausgeglühten Materiales weist gewöhnlich darauf hin, daß vor dem Ausglühen eine Kaltbearbeitung stattgefunden hat.

In der zweiten Versuchsreihe zeigen die Werte η_d eine größere Unregelmäßigkeit, die wohl auf die große Unsicherheit der Werte zurückzuführen ist und zu keiner Schlußfolgerung berechtigt.

Verhältnis von Zugfestigkeit zur Verdrehungsfestigkeit.

In der 16. Spalte der Zahlentafel 10 sind schließlich die Verhältnisse der mittleren Zugfestigkeit zur mittleren Verdrehungsfestigkeit zusammengestellt. Wie bereits erwähnt, wird die Widerstandsfähigkeit gegen Zug durch das Ziehen in weit höherem Maße vergrößert als diejenige gegen Verdrehung. Das Verhältnis $\frac{\sigma_B}{\tau_B}$ ist daher größer bei gezogenem als bei geglühtem Material. So beträgt dasselbe für den Walzdraht 1,03, wächst durch den ersten Zug auf 1,36, also um etwa 32 vH, und durch den zweiten Zug schließlich auf 1,48.

Die geglühte Probe 4 zeigt wieder eine Abnahme des Wertes auf 1,15. Den gleichen Verlauf der Werte zeigt auch die zweite Versuchsreihe, und man kommt demnach zu folgender Schlußfolgerung:

Das Verhältnis der Zugfestigkeit eines Materiales zur Verdrehungsfestigkeit wird durch die Kaltbearbeitung erhöht, und zwar um so mehr, je höher der Grad der mechanischen Bearbeitung ist. Das Glühen hingegen vermindert es wieder annähernd bis auf den ursprünglichen Betrag.

Um eine Uebersicht zu geben, sind diese Werte sowie die Schubspannungen τ_B an der Bruchgrenze, die Schiebungen γ, die Formänderungsarbeiten A_d und die Völligkeitskoeffizienten η_d graphisch in Fig. 29 über den Querschnittverminderungen durch das Ziehen aufgetragen. Die graphische Darstellung beschränkt sich auf die erste Versuchsreihe, da die zweite lediglich die Ergebnisse der ersten bestätigt und infolge der geringen Stärke der Drähte relativ ungenauere Werte liefert.

Die Bruchflächen.

Der Walzdraht und die geglühten Proben zeigten nach dem Bruch an der Oberfläche über die ganze Länge eine deutliche Faserverdrehung. Dies ist auch aus Fig. 30 ersichtlich, in welcher unter Ziffer 1 der Walzdraht nach dem Verdrehungsversuch dargestellt ist. Wie man erkennt, bilden die Fasern scharfe Schraubenlinien an der Oberfläche dieses Drahtes. Eine gleich deutliche Faserverdrehung zeigten sämtliche geglühten Drähte.

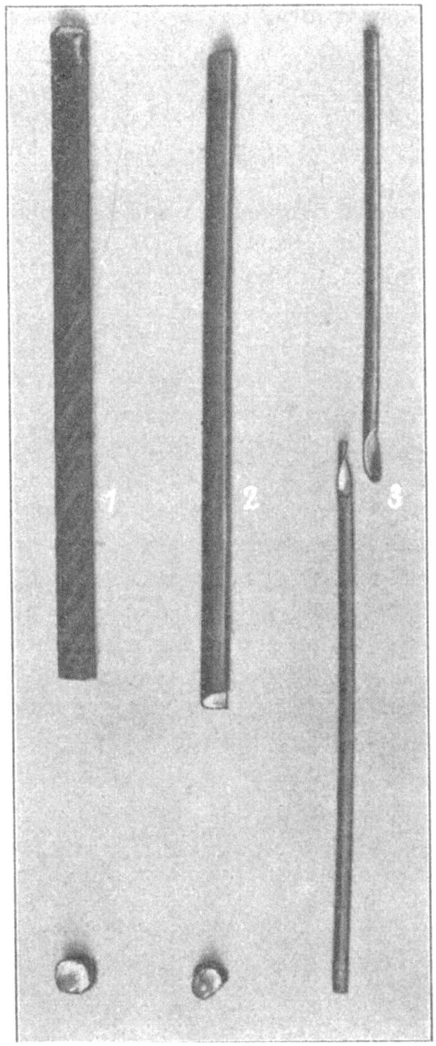

Fig. 30.

Die Bruchfläche der geglühten Proben bildet eine ebene Fläche fast senkrecht zur Stabachse, und zwar erscheint sie wie auf der Drehbank abgedreht. In der Mitte oder nahe derselben sitzt eine kleine Vertiefung ähnlich einem Körner, um welchen feine Spirallinien laufen.

Im Gegensatz hierzu zeigten die gezogenen Drähte eine Faserverdrehung nur an der Bruchstelle. An dieser ist die Verdrehung aber außerordentlich scharf ausgeprägt, und man findet in einigen Fällen sogar lange Risse in der Faserrichtung. Der Grund hiervon liegt wohl darin, daß die stets gleichzeitig senkrecht zu den Querschnittebenen auftretenden Schubspannungen, welche das Material in der Richtung der Achse beanspruchen, bei der ausgeprägten Faserrichtung gezogener Drähte in dieser Richtung geringeren Widerstand finden.

Der Bruch erfolgte bei den gezogenen Drähten längs einer Schraubenlinie, und zwar enthält die Bruchfläche eine volle Umdrehung derselben, während Anfangs- und Endpunkt in einer Ebene liegen, welche die Zylinderachse enthält. Die Neigung der Schraubenfläche beträgt rd. 45^0 gegen die Stabachse. Die Art der Bruchfläche ist deutlich aus der Abbildung zu ersehen, und zwar stellt Nr. 2 einen verdrehten Draht der Sorte 2 dar. Unter Nr. 3 ist schließlich eine sehr vollkommene Bruchform dargestellt, wie sie bei einem Drahte der Sorte 6 auftrat.

Besonders auffällig zeigte sich ferner bei mehreren Drähten der Proben 9 die Ungleichmäßigkeit des Materiales, indem gleichzeitig an 2 Stellen eine örtliche Verdrehung stattfand, während die zwischenliegenden Stabteile völlig unberührt blieben. An einer derselben erfolgte gewöhnlich der Bruch, während in einem Falle sogar an beiden Stellen gleichzeitig der Bruch eintrat und das Zwischenstück buchstäblich heraussprang.

Eine weitere bemerkenswerte Erscheinung konnte an mehreren Proben der Drahtsorte 3 festgestellt werden. Der Zufall wollte es, daß diese Verdrehungsversuche spät am Abend fertiggestellt wurden und der eingespannte Versuchsdraht dabei nur wenig beleuchtet war. Im Augenblick des Bruches des Drahtes zeigten sich deutlich gelbliche Funken an der Bruchstelle. Der Versuchsdraht selbst erwies sich dabei nur als handwarm. Es wurde nun auch bei den anderen Proben darauf geachtet, und es konnte noch an einem Draht der Drahtsorte 2 die gleiche Erscheinung nachgewiesen werden. Daß es sich dabei um keine elektrische Erscheinung handelte, bewies das Elektroskop, welches nicht die geringste Beunruhigung zeigte. Die Ursache der Funkenbildung wäre mithin lediglich in der Erwärmung des Materials durch die Formänderung zu suchen. Jedenfalls werden im Augenblicke des Bruches verschwindend kleine, glühende Materialteilchen abgeworfen, welche das Funkenbild ergeben. Für die Richtigkeit dieser Annahme sprach übrigens die gelbliche Farbe des Funkens, die ich beim Schleifen des Walzdrahtes im Funkenbilde wieder erkannte.

X.

Schlußwort.

Ueberblickt man zum Schluß der Betrachtung noch einmal die Veränderungen des Stahles unter dem Einflusse des Ziehens, so erkennt man in der Art derselben von Ziehstufe zu Ziehstufe eine gewisse Stetigkeit, sofern nur der Querschnitt der gezogenen Drähte kleiner ist als der sogenannte Einschnürquerschnitt des geglühten Ausgangsmateriales.

Besonders bemerkenswert war die Veränderung der Bruchspannungen, welche, bezogen auf den Querschnitt F_e zu Beginn der Einschnürung, annähernd proportional den durch das Ziehen bewirkten Querschnittverminderungen wachsen. Die Spannung σ_B, die Zerreißfestigkeit des Materiales, ließ sich daher für eine beliebige Ziehstufe annähernd aus der Festigkeit σ_0 des geglühten Ausgangsdrahtes herleiten auf Grund der Beziehung $\sigma_B = \sigma_0 + C\,\Delta f$. Hierin bedeutet Δf die Querschnittverminderung durch Ziehen und C eine Konstante, welche sich abhängig vom Durchmesser des geglühten Drahtes zeigt. Annähernd wird die

Abhängigkeit dieser Konstanten vom Anfangsquerschnitt durch eine Hyperbel dargestellt, indem das Produkt aus dem Querschnitt und dem dazu gehörigen Werte C annähernd unveränderlich ist. Hierbei ist vorausgesetzt, daß die Querschnitte der gezogenen Drähte sämtlich kleiner sind, als der Querschnitt, den der geglühte Draht im Zugversuch zu Beginn der Einschnürung zeigt.

Da die Praxis der Drahtzieherei diese Voraussetzung durch große Ziehstufen von selbst erfüllt, wäre auch eine Verwendbarkeit dieser Beziehung zur annähernden Berechnung der bei einem bestimmten Zuge zu erwartenden Festigkeitserhöhung gegeben.

Hierzu sei noch bemerkt, daß es sich durchaus nicht allein um die Eisen- und Stahldrahtfabrikation handelt. Es werden vielmehr auch die anderen Materialien wie Kupfer, Aluminium und die Bronzen aus wirtschaftlichen Gründen unter der größtmöglichen Verdünnung zu Draht gezogen, so daß auch für diese Stoffe der Querschnitt der gezogenen Drähte gewöhnlich kleiner ist als der Einschnürquerschnitt des geglühten Stoffes. Es ist nun anzunehmen, daß auch diese Stoffe qualitativ ähnliche Veränderungen durch Ziehen und Glühen erleiden wie Stahl.

Um den Nachweis hierfür zu erbringen und die Veränderungen auch quantitativ festzustellen, wurden von mir entsprechende Versuche mit Kupfer, Aluminium, Aluminiumbronze, Phosphorbronze und Messing durchgeführt. Diese hier zur Erörterung zu bringen, würde indessen über den Rahmen dieser Arbeit hinausgehen. Es mag daher genügen, zum Schluß darauf hinzuweisen, daß diese Versuche im wesentlichen eine Bestätigung der Ergebnisse der Stahldrahtuntersuchung brachten.

GPSR Compliance

The European Union's (EU) General Product Safety Regulation (GPSR) is a set of rules that requires consumer products to be safe and our obligations to ensure this.

If you have any concerns about our products, you can contact us on ProductSafety@springernature.com

In case Publisher is established outside the EU, the EU authorized representative is:

Springer Nature Customer Service Center GmbH
Europaplatz 3
69115 Heidelberg, Germany

Batch number: 10684220

Printed by Printforce, the Netherlands